CHOUSHUI XUNENG DIANZHAN TONGYONG SHEBEI

抽水蓄能电站通用设备

消 防 分 册

国网新源控股有限公司 组编

中国电力出版社
CHINA ELECTRIC POWER PRESS

内容提要

为进一步提升抽水蓄能电站标准化建设水平，深入总结工程建设管理经验，提高工程建设质量和管理效益，国网新源控股有限公司组织有关研究机构、设计单位和专家，在充分调研、精心设计、反复论证的基础上，编制完成了《抽水蓄能电站通用设备》系列丛书，本丛书共7个分册。

本书为《消防分册》，主要内容共分为5章，包括建筑消防系统、机电设备消防系统、电缆防火封堵系统、火灾自动报警及消防控制系统等。附录为各种消防系统适用场所和消防系统典型图。

本丛书适合抽水蓄能电站设计、建设、运维等有关技术人员阅读使用，其他相关人员可供参考。

图书在版编目（CIP）数据

抽水蓄能电站通用设备．消防分册／国网新源控股有限公司组编．—北京：中国电力出版社，2020.7
ISBN 978-7-5198-4192-8

Ⅰ．①抽…　Ⅱ．①国…　Ⅲ．①抽水蓄能水电站－消防设备　Ⅳ．①TV743

中国版本图书馆CIP数据核字（2020）第022726号

出版发行：中国电力出版社
地　　址：北京市东城区北京站西街19号
邮政编码：100005
网　　址：http://www.cepp.sgcc.com.cn
责任编辑：孙建英（010-63412369）　郑晓萌
责任校对：黄　蓓　朱丽芳
装帧设计：赵姗姗
责任印制：吴　迪

印　　刷：三河市百盛印装有限公司
版　　次：2020年7月第一版
印　　次：2020年7月北京第一次印刷
开　　本：787毫米×1092毫米　横16开本
印　　张：5.75
字　　数：183千字
印　　数：0001—1000册
定　　价：30.00元

编　委　会

前　言

抽水蓄能电站运行灵活、反应快速，是电力系统中具有调峰、填谷、调频、调相、备用和黑启动等多种功能的特殊电源，是目前最具经济性的大规模储能设施。随着我国经济社会的发展，电力系统规模不断扩大，用电负荷和峰谷差持续加大，电力用户对供电质量要求不断提高，随机性、间歇性新能源大规模开发，对抽水蓄能电站发展提出了更高要求。2014 年国家发展改革委下发“关于促进抽水蓄能电站健康有序发展有关问题的意见”，确定“到 2025 年，全国抽水蓄能电站总装机容量达到约 1 亿 kW，占全国电力总装机的比重达到 4%左右”的发展目标。

抽水蓄能电站建设规模持续扩大，大力研究和推广抽水蓄能电站标准化设计，是适应抽水蓄能电站快速发展的客观需要。国网新源控股有限公司作为全球最大的调峰调频专业运营公司，承担着保障电网安全、稳定、经济、清洁运行的基本使命，经过多年的工程建设实践，积累了丰富的抽水蓄能电站建设管理经验。为进一步提升抽水蓄能电站标准化建设水平，深入总结工程建设管理经验，提高工程建设质量和管理效益，国网新源控股有限公司组织有关研究机构、设计单位和专家，在充分调研、精心设计、反复论证的基础上，编制完成了《抽水蓄能电站通用设备》系列丛书，包括水力机械、电气、金属结构、控制保护与通信、供暖通风、消防及电缆选型七个分册。

本通用设备坚持“安全可靠、技术先进、保护环境、投资合理、标准统一、运行高效”的设计原则，采用模块化设计手段，追求统一性与可靠性、先进性、经济性、适应性和灵活性的协调统一。该书凝聚了抽水蓄能行业诸多专家和广大工程技术人员的心血和智慧，是公司推行抽水蓄能电站标准化建设的又一重要成果。希望本丛书的出版和应用，能有力促进和提升我国抽水蓄能电站建设发展，为保障电力供应、服务经济社会发展做出积极的贡献。

由于编者水平有限，不妥之处在所难免，敬请读者批评指正。

编者

2020 年 3 月

目　录

第1章 概　　述

1.1　主要内容

抽水蓄能电站工程通用设计及通用设备是国家电网有限公司标准化建设成果的有机组成部分，为进一步加强国网新源控股有限公司（简称国网新源公司）系统抽水蓄能电站工程设计管理，规范抽水蓄能电站设计理念、方法，促进技术创新，逐步推进设备标准化设计，深入贯彻国家电网有限公司全寿命周期管理理念，全面提高工程设计质量，根据国网新源公司《抽水蓄能电站通用设备、通用设计工作部署会会议纪要》的要求，开展通用设备、通用设计工作，其中《抽水蓄能电站通用设备　消防分册》主要内容包括建筑消防系统、机电设备消防系统、电缆防火封堵系统、火灾自动报警及消防控制系统四个部分，根据不同使用条件提出上述系统的设计原则、系统配置、设备选型、主要设备的技术参数和技术要求等。

1.2　编制原则

通过对国内已建抽水蓄能电站消防设备技术条件的收集整理，结合当前设备制造水平及发展趋势，合理确定抽水蓄能电站消防设备技术参数和技术要求，形成抽水蓄能通用设备技术规范。遵循国家电网有限公司通用设备设计的原则，编制的《抽水蓄能电站通用设备　消防分册》应做到安全可靠、环保节约；技术先进，标准统一；提高效率、合理造价；努力做到可靠性、统一性、适应性、经济性、先进性和灵活性的协调统一。

1.3　工作组织

为了加强组织协调工作，成立了抽水蓄能电站消防设备通用设计的工作组、编制组和专家组，分别开展相关工作。

工作组以国家电网有限公司基建部为组长单位，国网新源公司为副组长单位，编写单位为成员单位，主要负责通用设计总体工作方案策划、组织、指导和协调通用设计研究编制工作。

本分册由中国电建集团华东勘测设计研究院有限公司负责设计与编制。

1.4　编制过程

2016年1月，国网新源公司对编制《抽水蓄能电站通用设备　消防分册》进行招标，中国电建集团华东勘测设计研究院有限公司（简称华东院）中标承担《抽水蓄能电站通用设备　消防分册》的设计工作。

2016年4月30日，完成初步设计框架，明确调研范围并发出调研表。

2016年5月30日，完成调研及资料收集。

2016年6月30日，完成通用设计消防分册初稿。

2016年7月30日，完成本合同要求的图册初稿。

2016年8月30日，在北京召开了中间成果审查会。

2016年9月21日，在杭州召开了阶段成果审查会。

2016年12月14日，在北京召开了成果评审会议。

2016年12月30日，根据评审意见完成修改。

2017年4月10日，华东院收到国网新源公司的征求意见。

2017年4月18日，华东院根据征求意见，完成修改稿。

2018年10月23日，在北京召开了通用设备各分册审定会议。

2018年11月10日，根据审定会议完成修改，并提交最终成果。

第2章　建筑消防系统

2.1　编制依据

消防系统及设备选型的设计应遵照最新版本的国家标准（GB）、公共安全行业标准（GA）。消防产品属于国家强制认证产品目录范围内的，须具有“公安部消防产品合格评定中心”认证的“中国国家强制性产品认证证书（CCC认证证书）”，不属于国家强制认证产品目录范围内的须具有“产品型式认可证书”或“型式检验报告”。主要标准规范如下：

GB 150　压力容器

GB 3445　室内消火栓

GB 3446　消防水泵接合器

GB 4452　室外消火栓

GB 5099　钢制无缝气瓶

GB 5135.1　自动喷水灭火系统　第1部分：洒水喷头

GB 5135.2　自动喷水灭火系统　第2部分：湿式报警阀阀、延迟器、水力警铃

GB 5135.3　自动喷水灭火系统　第3部分：水雾喷头

GB 5135.5　自动喷水灭火系统　第5部分：雨淋阀组

GB 5135.6　自动喷水灭火系统　第6部分：通用阀门

GB 5135.7　自动喷水灭火系统　第7部分：水流指示器

GB 5135.10　自动喷水灭火系统　第10部分：压力开关

GB 5135.11　自动喷水灭火系统　第11部分：沟槽式管接件及组件

GB 5135.17　自动喷水灭火系统　第17部分：减压阀

GB 5135.18　自动喷水灭火系统　第18部分：消防管道支吊架

GB 6245　消防泵

GB/T 12234　通用阀门法兰和对焊连接钢制闸阀

GB 14561　消火栓箱

GB/T 14976　流体输送用不锈钢无缝钢管

GB 18614　七氟丙烷（HFC227ea）

GB 20128　惰性气体灭火剂

GB 25972　气体灭火系统及部件

GB/T 26785　细水雾灭火系统及部件通用技术条件

GB 50016　建筑设计防火规范

GB 50084　自动喷水灭火系统设计规范

GB 50263　气体灭火系统施工及验收规范

GB 50347　干粉灭火系统设计规范

GB 50370　气体灭火系统设计规范

GB 50872　水电工程设计防火规范

GB 50898　细水雾灭火系统技术规范

GB 50974　消防给水及消火栓系统技术规范

DL 5027　电力设备典型消防规程

DB 21/T 1206　室内消火栓系统检验规程

GA 602　干粉灭火装置

GA 578　超细干粉灭火剂

CECS 322　干粉灭火装置技术规程

CECS 312　惰性气体灭火系统技术规程

山东、湖北地方标准超细干粉灭火系统设计、施工及验收规范

2.2　消火栓系统

2.2.1　系统设计概述

消火栓系统是目前使用最广泛的灭火系统，一般由消防水源、消防供水设备、消火栓给水管网及消火栓设备四部分组成。其中消防供水设备中的消防水池、消防水箱、消防水泵的设置，需根据建筑物的性质、高度及消防水源的供水情况而定。

根据设置地点的不同，消火栓系统可分为室内消火栓系统和室外消火栓系统。根据系统供水压力的不同，可分为低压消防给水系统、高压消防给水系统及临时高压消防给水系统。低压消防给水系统是能满足车载或手抬移动消防水泵等取水所需的工作压力和流量的供水系统。高压消防给水系统是能始终保持满足水灭火设施所需的工作压力和流量，发生火灾时无需消防水泵加压的供水系统。临时高压消防给水系统是平时不能满足水灭火设施所需的工作压力和流量，发生火灾时能自动启动消防水泵以满足水灭火设施所需的工作压力和流量的供水系统。

消火栓系统的设计流量应根据建筑物的用途、功能、体积、高度、耐火等级、火灾危险性等因素综合分析确定，系统设计压力应满足最不利点处消防灭火设施的压力要求。消火栓系统的设计应满足现行国家标准。

在通用设备设计过程中，应开展三维数字化设计，并由各设备厂家提供三维模型。

2.2.2　系统设计原则

1. 地下厂房洞室群（地下厂房）

根据 GB 50872—2014《水电工程设计防火规范》，地下厂房的室内消火栓

用水量按 20L/s 计，火灾延续时间按 2h 计，消防用水量不少于 144m^3。

地下厂房消火栓系统的水源通常取自下库水。消防水从全厂公共供水总管（该管路水源取自下水库）取水。考虑供水的可靠性，在间隔较远的不同机组段的公共供水总管上设置不少于两个取水口，取水口低于下水库最低水位以下。当下水库死水位与地下厂房消防设备最不利点处的高差，满足消防设备的工作压力要求时，消火栓系统为高压消防给水系统，可重力供水至系统管网。当下水库死水位与地下厂房消防设备最不利点处的高差，无法满足消防设备的工作压力要求时，应设置高压消防给水系统（高位水池）或临时高压消防给水系统（消防水泵、稳压水泵、消防水箱等）。当消火栓栓口动压大于 0.50MPa 时，应采取减压措施。

室内消火栓布置满足任何着火点有两股不小于 10m 的充实水柱同时到达，布置间距不小于 30m，发电机层室内消火栓布置应根据厂房布置情况（需要考虑厂房高度要素）而定。室内消火栓应布置在位置明显且易于操作的部位，栓口距地面 1.1m，栓口方向向下或与墙面成 90°角，并采用统一规格的消火栓、水枪和水带。消火栓管网成环状布置，设阀门分段以便检修。

2. 地面建筑

抽水蓄能电站地面建筑，如地面开关站、中控楼、永久设备库等根据 GB 50872《水电工程设计防火规范》和 GB 50016《建筑设计防火规范》的相关规定，设室内、外消火栓。消防用水量应按照相关规范的要求，根据建筑物单体性质、建筑面积、体积和建筑高度等因素综合分析确定，抽水蓄能电站地面建筑的室内消火栓用水量一般为 10～30L/s，室外消火栓用水量一般为 15～40L/s，火灾延续时间为 2h。

地面建筑消火栓系统常见水源有上、下水库水，河流水系水和市政自来水，作为消防水池（箱）补水。消防水池（箱）的有效容积应满足火灾延续时间内消防用水量的要求。

当消防水池（箱）的设置能满足消防用水量和压力要求时，高压消防给水系统应从消防水池（箱）直接引两根消防给水管至消防用水区域，且保证当其中一条进水管发生事故时，其余进水管仍能供应全部消防用水量。

当消防水池（箱）的设置不能满足最不利点处消防设施用水压力要求时，采用临时高压消防给水系统。系统设加压供水设备，包括消防加压泵组、稳压泵、气压罐等。消防加压泵组的流量及扬程，应满足消防给水系统所需流量和压力的要求。稳压泵的设计流量不小于消防给水系统管网的正常泄漏量和系统自动启动流量；设计压力应满足系统自动启动和管网充满水的要求。室内临时高压消防给水系统应在建筑物最高处设置重力自流的消防水箱，高位消防水箱内储存初期火灾消防用水量，水箱有效容积应满足规范要求。

消防水池补水有重力自然补水和加压补水两种方式。当水源水头无法满足自流供水至消防水池时，可采用加压供水设施。加压补水时间不宜大于 48h，消防水池进水管管径应根据其有效容积及补水时间确定，且不小于 DN100。

室外消火栓系统应采用两路供水，管网成环状布置，室外消火栓设计流量小于 20L/s 时可采用一路供水。环状管网上设阀门分段以便检修。室外消火栓保护半径不大于 150m，布置间距不大于 120m，距路边不大于 2m。

系统设计例图见附图一和附图二。

2.2.3 系统配置及设备选型

1. 室外消火栓

室外消火栓按其结构不同可分为地上式消火栓和地下式消火栓，根据设置场地情况确定选用何种形式的室外消火栓，在严寒地区及不便于设置地上式消火栓处，采用地下式消火栓。

2. 室内消火栓

室内消火栓主要由水枪、水带、消火栓阀门、消防软管卷盘等组成。

室内消火栓箱内设有 DN65 消火栓 1 个或 2 个；DN25 全铜阀门 1 个；长度为 25m 的 DN65 有内衬里的消防水带 1 条，水带材质为高强度涤棉、涤纶织物，内壁衬优质橡胶；喷嘴直径为 19mm 的消防水枪 1 只，材质为铝合金；消防软管卷盘 1 套，配置长度为 30m、内径为 19mm 的消防软管，消防按钮 1 个（部分有）。

消火栓箱安装方式为全嵌入式、半嵌入式或明装。进水管有侧面、后部、底部进水方式，消火栓箱应预留相应的进水孔，预留孔可根据现场实际接管方式敲开。

3. 消防水泵接合器

消防水泵接合器是连接消防车向室内消防给水系统加压供水的装置，设于消防车易于接近的地方。抽水蓄能电站的消防水泵接合器通常采用地上式，对于有防冻及美观要求的场所，采用地下式。

4. 供水设备

消火栓系统供水设备包括消防水泵、稳压泵、气压罐、启动控制柜（箱）。当高位消防水箱的最低有效水位不能满足水灭火设施最不利点处的净水压力要求时，设置稳压泵。单台消防水泵的最小额定流量不小于10L/s，最大额定流量不大于70L/s。同一组水泵的型号应一致，且工作泵不超过3台。

消防水泵有离心电泵、柴油机泵和轴流深井泵等泵型。本分册仅对经常使用的离心电泵进行详述。柴油机泵和轴流深井泵因很少使用，本分册不详述，其说明和技术要求详见GB 50974中的相关要求。

离心电泵采用自灌式吸水，吸水管上应装有明杆闸阀和压力表，出水管上应设有止回阀、明杆闸阀和电接点压力表，并设置DN65试水管。每组消防水泵应设有流量和压力测试装置。

5. 消防水泵控制柜

每台消防水泵有1路380V交流电源，作为水泵的动力电源，引自所在区域的消防配电柜。消防水泵配置启动控制柜，内含电动机启动装置。

消防水泵控制柜为钢支架金属外壳封闭式结构。柜内设防潮自控加热器和门控照明灯。

控制柜柜体外壳防护等级不低于IP43。柜内装有截面面积不小于$100mm^2$的接地铜排和接地端子。屏柜上装置的接地端子应用截面面积不小于$4mm^2$的多股铜线和接地母线相连。

消防水泵控制系统采用PLC，具备根据运行时间、自动交替启动功能及定时自动巡检功能。控制系统PLC以标准模块构成，包括过程输入输出、数据处理和通信功能。对于安全运行的重要信息、控制命令和事故信号除采用现场总线通信外，还需通过硬布线I/O直接连接，以保障可靠性。

启动控制柜设有“自动/手动/切除”控制切换开关，“手动”位置时，全厂火灾自动报警及消防控制系统可直接手动启停消防水泵而不受“自动/手动/切除”控制切换开关状态的限制。

水泵动作、水泵故障信号，以无源开关量触点输出至全厂火灾自动报警及消防控制系统和电站计算机监控系统。

系统电气设备电缆采用铜导线，交联聚乙烯绝缘、聚乙烯内护套和阻燃聚乙烯外护层的无卤低烟阻燃A级耐火电缆。

6. 消防水池

消防水池的有效容积应不小于火灾延续时间内消防用水量的要求。

消防水池应设有水位控制阀的进水管、溢流管、泄水管、通气管、出水管及水位显示器等附属设施，在消防控制中心或值班室等地点设置显示水池水位的装置。当消防水池总蓄水有效容积大于$500m^3$时，宜设两格能独立使用的消防水池。

7. 消防水箱

室内临时高压消防给水系统应在建筑物最高处设置重力自流的消防水箱，高位消防水箱内储存初期火灾消防用水量，水箱有效容积应满足规范要求。

消防水箱应设有水位控制阀的进水管、溢流管、泄水管、通气管、出水管及水位显示器等附属设施。

8. 主要阀门及附件

抽水蓄能电站消火栓系统中常用的阀门有闸阀、止回阀、减压稳压阀、排气阀和管道过滤器、压力开关、压力表和液位仪等。

（1）闸阀。闸阀应选用明杆闸阀或带启闭刻度的暗杆楔式闸阀，材质为不锈钢。

（2）止回阀。止回阀采用水平或竖直方向安装，应能实现截止、缓闭止回的功能。水管路上的止回阀应具有防止水锤的作用，材质为不锈钢。

（3）水力控制缓闭止回阀。水泵控制阀用于水泵出口，采用无电源水力自动控制，启泵时缓开，停泵时先快闭后缓闭，兼有截止、节流、止回和消除水锤功能。停泵后水泵控制阀进出口静压差不小于0.05MPa，带现地开度指示功能，材质为不锈钢。

（4）减压稳压阀。减压稳压阀用于将进口压力降至某一需要的出口压力，并能在进口压力及流量变动时，保持出口压力基本不变，材质为不锈钢。

（5）管道过滤器。选用直流式Y型过滤器，材质为不锈钢。

（6）复合式排气阀。复合式排气阀用于在正压时排除管道中的多余气体，负压时能吸入高速气流，维持管道内的压力，确保管道系统的安全。复合式排气阀为浮球式。

（7）压力表。出水管上配置压力表用以监视该水泵的工作状态。压力表为Y型弹簧式表计，精度等级为1.5级，表盘公称直径为150mm。压力表配置配套的三通式表阀和螺纹转接头，采用不锈钢或黄铜制作。

(8) 压力开关。压力开关是一种压力控制装置，当被测压力达到额定值时，压力开关可发出警报或控制信号。压力开关有机械式、电子式两大类。近年应用较多的是电子式压力开关，用来替代电接点压力表和使用在工业控制要求比较高的系统上，精度优于 0.5%，量程范围为 0～2MPa，防护等级为 IP65。

(9) 液位仪。消防水池、消防水箱的水位显示建议采用一体化超声波液位仪，可以就地显示水位，同时将水位信号传送至消防水泵控制柜 PLC 监控模块。

(10) 流量开关。流量开关是一种根据流量指令控制系统运行或停止的开关，在消防系统中一般设在高位消防水箱出水管上，作为消防水泵启泵的信号。探头采用不锈钢材质，测量范围为 60～340L/min。

2.2.4 系统主要技术参数和技术要求

系统主要技术参数和技术要求见表 2-1。

表 2-1 系统主要技术参数和技术要求

序号	设备名称	性能参数	技术要求
1	加压泵组	流量：10～30L/s 扬程：经计算确定 流量扬程性能曲线应为无驼峰、无拐点的光滑曲线，零流量时的压力不应大于设计工作压力的 140%，且宜大于设计工作压力的 120%；当出口流量为设计流量的 150%时，其出口压力不应低于设计工作压力的 65%	(1) 消防水泵采用自灌式吸水，吸水管上应装有明杆闸阀和压力表，出水管上应设有止回阀、明杆闸阀和压力表，并设置 DN65 试水管和试水阀。每组消防水泵应设有流量和压力测试装置。 (2) 消防水泵混凝土基础高度根据水泵出口管的高程确定，水泵基础采用预埋钢板焊接单头螺柱的方式固定。 (3) 水泵材质：叶轮为不锈钢（06Cr19Ni10）；泵体、泵盖为铸钢件；泵轴为不锈钢（20Cr13）；密封环为不锈钢（06Cr19Ni10）。 (4) 消防水泵轴承处应密封良好，密封需采用优质知名品牌的密封。 (5) 消防水泵轴承座外表面温度不应超过 75℃，温升不应超过 35℃。 (6) 消防水泵的结构形式应保证便于现场维修和更换零件。紧固件及自锁装置不应因振动等原因而产生松动。 (7) 消防水泵泵体上应铸出表示旋转方向的箭头
2	稳压泵	流量：1L/s 扬程：经计算确定	
3	稳压罐	有效容积：≥150L 罐体承压：经计算确定	(1) 稳压气压罐采用隔膜式气压罐。 (2) 承压密闭式水罐应做水压试验。 (3) 罐体材质为钢材质
4	消防水池/箱	有效容积：经计算确定	(1) 消防水池应设有水位控制阀的进水管、溢流管、泄水管、通气管、出水管及水位显示器等附属设施。 (2) 消防水池应设置就地水位显示装置，并在消防控制中心或值班室等地点设置显示消防水池水位的装置，同时应有最高和最低报警水位。 (3) 消防水池可采用钢筋混凝土蓄水池或不锈钢组合式钢板水箱。 (4) 钢筋混凝土水池应做好防水防腐处理，并进行满水试验
5	高位消防水箱（临时高压消防系统）	有效容积：12、18、36m^3	(1) 消防水箱应设有水位控制阀的进水管、溢流管、泄水管、通气管、出水管及水位显示器等附属设施，在消防控制中心或值班室等地点设置显示水箱水位的装置。 (2) 消防水箱采用组合式钢板水箱，材质为不锈钢，焊接材料应与水箱材质相匹配，焊缝应进行抗氧化处理。 (3) 消防水箱应采取防尘措施。 (4) 当高位消防水箱在屋顶露天设置时，水箱的人孔及进出水管的阀门等应采用锁具或阀门箱等保护措施。 (5) 高位水箱间应通风良好，不应结冰，当必须设置在严寒、寒冷等冬季结冰地区的非采暖房间时，应采取防冻措施，环境温度或水温不应低于 5℃

续表

序号	设备名称	性能参数	技术要求
6	室内消火栓箱	消火栓口径：DN65 工作压力：1.0～1.6MPa 水带公称直径：DN65 水带长度：25m 水枪口径：19mm 消防管软管公称直径：19mm 消防软管长度：30mm	(1) 箱体材质为厚度大于或等于1.2mm的不锈钢板制箱体。门面立式单开，不锈钢面板嵌玻璃，红色油漆喷写“消火栓”字样，发生火灾时能方便、迅速地打开。 (2) 水带材质为高强度涤棉、涤纶织物，内壁衬优质橡胶；喷嘴材质为铝合金；阀门材质为黄铜
7	室外消火栓	口径：DN100 工作压力：1.6MPa	消火栓采用灰铸铁材质，消火栓的阀座、阀杆螺母采用铸造铜合金材质，消火栓的阀杆采用低碳钢制成。消火栓连接方式为法兰连接
8	消防水泵接合器	口径：DN100 工作压力：1.6MPa	消防水泵接合器本体采用灰铸铁材质，接合器的进水口接口本体采用铅黄铜或不锈钢材质
9	管道	公称压力：1.0～2.5MPa	采用不锈钢管，明装管道法兰连接，暗埋管氩弧焊接，管道与消火栓之间采用丝扣连接
10	减压稳压阀	公称压力：1.0～2.5MPa	(1) 采用比例式或可调式减压阀。 (2) 材质为不锈钢

2.3 自动喷水灭火系统

2.3.1 系统设计概述

自动喷水灭火系统是一种在发生火灾时，能自动打开喷头喷水灭火并同时发出火警信号的消防灭火设施。自动喷水灭火系统由水源、加压储水设备、喷头、管网、报警装置等组成。

在抽水蓄能电站工程中，应用最广泛的是湿式自动喷水灭火系统（湿式系统）和预作用自动喷水灭火系统（预作用系统）。湿式系统为闭式灭火系统，管网中始终充满有压水，当建筑物发生火灾，火点温度达到开启闭式喷头时，喷头出水灭火。湿式系统由闭式喷头、湿式报警阀组、信号阀、水流指示器、末端试水装置等组成。在需要预防由于喷头损坏而产生的系统误动作，造成水渍损失的重要场所，可采用预作用系统。预作用系统在准工作状态时配水管道内不充水，发生火灾时，由火灾报警系统自动开启预作用报警阀后，配水管道充水转换为湿式系统。预作用系统有两种类型：一种是戒备状态时配水管道内保持一定气压，监测管道的严密性，以便发现管道泄漏和喷头是否损坏；另一种类型是戒备状态配水管道为空管，目的是防止误喷和漏水造成水渍损失或防止环境温度的影响。预作用系统由火灾探测系统、闭式喷头、水流指示器、预作用阀组等组成。

2.3.2 系统设计原则

在抽水蓄能电站中，湿式自动喷水灭火系统主要用于抽水蓄能电站营地内的高层公共建筑及其地下室、半地下室；任一层建筑面积大于1500m² 或总建筑面积大于3000m² 的餐饮和旅馆多层建筑；设置送回风道（管）的集中空气调节系统且总建筑面积大于3000m² 的办公多层建筑等。

根据建筑物性质、总建筑面积、体积等因素，确定建筑物的火灾危险等级，按照规范规定确定自动喷水灭火系统的设计参数，如喷水强度和作用面积。自动喷水灭火系统的持续喷水时间，按火灾延续时间不小于1h。系统最不利点处喷头的工作压力不低于0.05MPa。

自动喷水灭火系统根据供水压力的不同，可分为高压给水系统和临时高压给水系统。当消防水池（箱）的设置能满足系统用水量和压力要求时，采用高压给水系统，从消防水池（箱）直接引消防给水管至消防用水区域。当消防水池（箱）的设置不能满足最不利点处喷头工作压力要求时，采用临时高压给水系统。系统设加压供水设备，包括消防加压泵组、稳压泵、气压罐等。消防加压泵、增压稳压设备及高位水箱的设计原则同消火栓系统。

系统设计例图见附图三。

在通用设备设计过程中，应开展三维数字化设计，并由各设备厂家提供三维模型。

2.3.3 系统配置及设备选型

1. 洒水喷头

闭式洒水喷头按其构造可分为直立型、下垂型、边墙型、吊顶型等。不做吊顶的场所选用直立型洒水喷头；吊顶下布置的喷头采用下垂型或吊顶型洒水喷头；对于顶板为水平面的轻危险级、中危险Ⅰ级住宅建筑、宿舍、旅馆建筑客房和办公室，可选用边墙型洒水喷头。

喷头设置场所净空高度小于或等于 8m 处，喷头流量系数 $K \geqslant 80$；净空高度大于 8m，且小于或等于 12m 处，喷头流量系数 $K \geqslant 115$；净空高度大于 12m，且小于或等于 18m 处，采用非仓库型特殊应用喷头，喷头流量系数 $K \geqslant 161$。

自动喷水灭火系统应有备用喷头，数量不少于总数的 1%，且每种型号不少于 10 只。

2. 报警阀组

湿式报警阀组主要包括湿式报警阀、延时器、压力开关、水力警铃、延迟器和压力表等。报警阀口径根据系统设计流量及流速要求确定。

对于阀后为空管的预作用系统，可以直接采用雨淋阀作为预作用报警阀，对于充气的预作用系统，预作用报警阀是由雨淋阀和湿式阀上下叠加而成。预作用报警阀组主要包括预作用报警阀、水力警铃、压力开关、空气压缩机、自动滴水球阀、控制阀、启动装置等。

当报警阀开启时，水流入水力警铃发出报警信号。水力警铃应设在有人值班的地点附近。与报警阀连接的管的管径为 20mm，且总长不大于 20m。

3. 水流指示器

水流指示器是用于自动喷水灭火系统中将水流信号转换成电信号的一种报警装置。除报警阀组控制的喷头只保护不超过防火分区面积的同层场所外，每个防火分区、每个楼层均设置水流指示器。水流指示器公称直径为 80～150mm。

4. 末端试水装置

每个报警阀组控制的最不利点喷头处，设置末端试水装置，其他防火分区、楼层设置试水阀。末端试水装置由试水阀、压力表及试水接头组成。试水阀为直径为 25mm 的不锈钢截止阀，试水接头喷头与同防火分区或同楼层内的喷头相同。

5. 信号阀

信号阀设有阀门启闭电信号装置，当阀门被误关闭时，电信号装置便输出被误关闭的信号到消防控制中心。在湿式自动喷水灭火系统中，报警阀进出口处和水流指示器前设信号阀。信号阀采用不锈钢材质。

消防供水设备及阀门附件，水泵控制柜，消防水箱、水池，水泵接合器等参考消火栓系统相关内容。

2.3.4 系统主要技术参数和技术要求

系统主要技术参数和技术要求见表 2-2。

表 2-2 系统主要技术参数和技术要求

序号	设备名称	性能参数	技术要求
1	加压泵组	流量：10～30L/s 扬程：经计算确定 流量扬程性能曲线应为无驼峰、无拐点的光滑曲线，零流量时的压力不应大于设计工作压力的 140%，且宜大于设计工作压力的 120%；当出口流量为设计流量的 150%时，其出口压力不应低于设计工作压力的 65%	（1）消防水泵采用自灌式吸水，吸水管上应装有明杆闸阀和压力表，出水管上应设有止回阀、明杆闸阀和压力表，并设置 DN65 试水管和试水阀。每组消防水泵应设有流量和压力测试装置。 （2）消防水泵混凝土基础高度根据水泵出口管的高程确定，水泵基础采用预埋钢板焊接单头螺柱的方式固定。 （3）水泵材质：叶轮为不锈钢（06Cr19Ni10）；泵体、泵盖为铸钢件；泵轴为不锈钢（20Cr13）；密封环为不锈钢（06Cr19Ni10）。 （4）消防水泵轴承处应密封良好，密封需采用优质知名品牌的密封。 （5）消防水泵轴承座外表面温度不应超过 75℃，温升不应超过 35℃。 （6）消防水泵的结构形式应保证便于现场维修和更换零件。紧固件及自锁装置不应因振动等原因而产生松动。 （7）消防水泵泵体上应铸出表示旋转方向的箭头
2	稳压泵	流量：1L/s 扬程：经计算确定	

续表

序号	设备名称	性能参数	技术要求
3	稳压罐	有效容积：≥150L 罐体承压：经计算确定	（1）稳压气压罐采用隔膜式气压罐。 （2）承压密闭式水罐应做水压试验。 （3）罐体材质为钢材质
4	消防水池/箱	有效容积：经计算确定	（1）消防水池应设有水位控制阀的进水管、溢流管、泄水管、通气管、出水管及水位显示器等附属设施。 （2）消防水池应设置就地水位显示装置，并在消防控制中心或值班室等地点设置显示消防水池水位的装置，同时应有最高和最低报警水位。 （3）消防水池可采用钢筋混凝土蓄水池或不锈钢组合式钢板水箱。 （4）钢筋混凝土水池应做好防水防腐处理，并进行满水试验
5	高位消防水箱 （临时高压系统）	有效容积：12、18、36m^3	（1）消防水箱应设有水位控制阀的进水管、溢流管、泄水管、通气管、出水管及水位显示器等附属设施，在消防控制中心或值班室等地点设置显示水箱水位的装置。 （2）消防水箱采用组合式钢板水箱，材质为不锈钢，焊接材料应与水箱材质相匹配，焊缝应进行抗氧化处理。 （3）消防水箱应采取防尘措施。 （4）当高位消防水箱在屋顶露天设置时，水箱的人孔及进出水管的阀门等应采用锁具或阀门箱等保护措施。 （5）高位水箱间应通风良好，不应结冰，当必须设置在严寒、寒冷等冬季结冰地区的非采暖房间时，应采取防冻措施，环境温度或水温不应低于5℃
6	报警阀组	口径：DN100～DN200 工作压力：1.6MPa	（1）报警阀为隔膜型。 （2）报警阀主要部件应为不锈钢，阀体为球墨铸铁或更优的材料制造。 （3）隔膜应能正常工作50000次而无断裂和破损，寿命不小于10年。 （4）阀体流道应光滑并作可靠防腐。主阀的运动部分应运动灵活无卡阻。 （5）阀体上应设有放水口，放水口公称直径不应小于20mm。 （6）水力警铃与报警阀连接管的管径不小于20mm，且总长不大于20m，喷嘴直径不小于3mm。 （7）延迟器进水口直径小于或等于6mm时，应设置耐腐蚀的过滤网
7	喷头	连接口径：20mm 流量系数：80、115、161 动作温度：68℃	闭式喷头的喷口用热敏元件组成的释放机构封闭，热敏元件为玻璃球，动作温度为68℃
8	消防水泵接合器	口径：DN100 工作压力：1.6MPa	消防水泵接合器本体采用灰铸铁材质，接合器的进水口接口本体采用铅黄铜或不锈钢材质
9	管道	公称压力：1.6MPa	采用内外壁热浸镀锌钢管，管径小于或等于DN50时，采用丝扣连接；管径大于DN50时，采用沟槽连接

2.4 细水雾灭火系统

2.4.1 系统设计概述

细水雾灭火系统主要以水为灭火介质，采用特殊喷头，在压力作用下喷洒细水雾进行灭火或控火，是一种灭火效能较高，环保、适用范围较广的灭火系统。

细水雾灭火系统由高压细水雾泵组、细水雾喷头、区域控制阀组、泵组控制柜、不锈钢管道及附件等组成，具有自动控制、手动控制和机械应急操作三种控制方式。

（1）系统自动控制。火灾报警系统接收到灭火分区内一路探测器报警后，联动开启灭火分区内侧的声光报警器；接收到同一灭火分区内第二路探测器报警确认火灾后，联动开启灭火分区外侧的声光报警器，同时联动打开该灭火分区对应的区域控制阀，向配水管供水。

(2) 手动控制。当现场人员确认火灾且自动控制还未动作时，可按下现场阀组箱内的启动按钮打开区域控制阀，向配水管供水。

(3) 机械应急操作。当自动控制与手动控制失效时，通过操作区域控制阀的手柄，打开控制阀，启动系统，喷放细水雾灭火。

在无自动灭火系统保护、火灾危险性较大的场所或电气设备附近，推荐设置移动式细水雾灭火装置。

2.4.2 系统设计原则

抽水蓄能电站的副厂房、主变压器洞、开关站 GIS 室、继电保护楼的电缆层、电缆廊道等电缆交叉、密集及中间接头部位应设置自动灭火系统。结合电站消防系统设计及土建布置，可选用高压细水雾灭火系统。

电缆竖井应采取相应的防火封堵措施。当竖井内设有水喷雾、细水雾等固定式灭火设施时，竖井内的防火封堵可不受相应的限制。电缆防火封堵系统内容详见本手册第 4 章。

细水雾灭火系统采用全淹没式或局部应用式，喷头的设计工作压力宜大于或等于 10MPa，当喷头的安装高度 $3\text{m}<H\leqslant 5\text{m}$ 时，系统的最小喷雾强度为 $2\text{L}/(\text{min}\cdot\text{m}^2)$；当喷头的安装高度 $H\leqslant 3\text{m}$ 时，系统的最小喷雾强度为 $1\text{L}/(\text{min}\cdot\text{m}^2)$；当喷头的安装高度 $H>5\text{m}$ 时，系统的最小喷雾强度需要通过模拟试验验证。

系统对水质的要求，不应低于 GB 5749《生活饮用水卫生标准》的有关规定。

系统设计例图见附图四和附图五。

在通用设备设计过程中，应开展三维数字化设计，并由各设备厂家提供三维模型。

2.4.3 系统配置及设备选型

1. 高压泵组

高压泵组由水泵基础支架、水泵及电动机、减振装置、阀门、过滤器、各种连接件、配件等部分组成。水泵采用水润滑柱塞泵，运行应平稳可靠，选型应满足系统设计要求，每套泵组设置一台备用水泵，备用水泵型号与主泵相同。主、备用泵应具有自动切换功能，并应能手动操作停泵。

2. 稳压泵

在系统非火灾状态，管网压力由稳压泵维持，它可以对小的压力波动及泄漏进行补偿。稳压泵材料应采用不锈钢或铜合金。电动机的绝缘等级为 F 级，防护等级不低于 IP54。

3. 区域控制阀组

由电动阀、高压球阀、压力表、压力开关、接线盒（含有现场启动按钮、中间继电器）等组成。阀上装有手动开启手柄，能进行电动及机械应急启动。阀组出口应装有试验放水装置，用于对系统进行调试及检测。压力开关应满足系统的压力要求，具有手动复位功能。

4. 泵组控制柜

内含电动机启动装置及 PLC。采用 PLC 进行控制，控制柜满足以下要求：控制面板上的故障报警显示盘可对泵电动机开关断开、主阀关闭、水箱低水位等状态进行报警显示；系统压力数显屏可显示泵出口处的水压；工作状态指示灯可显示各泵工作、系统准备就绪、主备电源、水箱充水电磁阀工作等状态，控制面板上设有泵的手动启动按钮、停止按钮、紧急停止按钮。

控制柜应具有双电源自动切换装置。每台水泵应由单独开关控制，且主开关与分开关应具有选择性闭锁。设备应具备低水位保护功能，当水位降至设定下限水位时，自动停机；恢复启泵水位时，自动启动。

5. 安全泄压阀

安全泄压阀用于调节泵组的出口压力，当泵组出口压力超过系统设计压力值时，则通过旁通管道经过安全泄压阀旁通至水箱，使管网压力恒定在设计值内，为系统提供过压保护。

6. 泵组调节水箱

水箱的容积应保证系统的最小设计喷雾时间的灭火水量。

7. 水箱补水电磁阀

由水泵控制柜 PLC 监控模块根据水箱水位与水位设定值进行比较。当水箱液位低于预设定水位时，开启水箱补水电磁阀对水箱进行补水。当水箱液位达到预设定水位时则关闭水箱补水电磁阀。

补水电磁阀主要部件材质为不锈钢，输入电压为交流 220V。

8. 补水泵

系统应设补水泵，补水泵一用一备，应与高压泵组与稳压泵联动。水泵材质采用不锈钢。

9. 进水过滤器

水箱的进水管上应安装过滤器。过滤器的过水流量满足系统设计流量要求。

10. 高压集流管

高压集流管用于高压泵组的出口，主要包括单向阀、压力传感器、流量传感器、压力表、卸载阀、水泵启动性能测试装置、检修阀等部件。材质为无缝不锈钢管 SUS316，工作压力满足水泵出口压力要求。单向阀材料为铸铜或不锈钢。

11. 管道

系统管道应设防静电接地。

此外，电站全厂火灾报警及消防控制系统设有细水雾远程启动/停止按扭，可对细水雾进行远程启动或停止操作并能显示其启停状态，该信号不受“手动/自动”切换开关状态限制。每个防护区的入口或附近便于观察的地方设置声光报警器及喷放指示灯。防护区内所有的通风、排烟系统及管道在灭火前应能自动停止工作并关闭相应的阀门，所有设备的动力电源应联锁关闭。

2.4.4 系统主要技术参数和技术要求

系统主要技术参数和技术要求见表 2-3。

表 2-3　　系统主要技术参数和技术要求

序号	设备名称	技术参数	技术要求
1	高压泵组	流量：经计算确定； 扬程：经计算确定	(1) 水泵材料为不锈钢。 (2) 电动机的绝缘等级为 F 级，防护等级不低于 IP54。 (3) 应具有超压卸载装置，以稳定系统工作压力，旁通回流装置接入储水箱中。 (4) 泵组应有水泵启动测试功能的装置
2	泵组调节水箱	有效容积：经计算确定	(1) 采用不锈钢材质。 (2) 配备具有远程变送信号的液位仪。液位仪可将水箱内水位信号传送至泵控制柜 PLC 监控模块。 (3) 水箱采取防尘措施
3	喷头	喷头最小工作压力：10MPa； 雾滴直径：≤200μm	(1) 材质为不锈钢或铜合金，内设过滤网。 (2) 喷头应能在启动初期达到雾化指标。 (3) 细水雾喷头外表面应均匀一致，无明显的磕碰伤痕及变形，表面涂、镀层完整、美观
4	区域控制阀组		(1) 阀组主要材料为不锈钢，设置在防护区门外。 (2) 输入电压为交流 220V
5	进水过滤器	网孔孔径：不应大于喷头最小喷孔孔径的 80%； 工作压力：0.2～0.6MPa	(1) 过滤器应设置旁通管及旁通应急阀门（常闭状态），以便过滤器出现故障时不影响灭火系统的运行。 (2) 过滤器两端应配置检修阀门，便于过滤器的检修和维护
6	管道		(1) 系统管道采用冷拔法制造的奥氏体无缝不锈钢管，牌号为 022Cr17Ni12Mo2。 (2) 系统管道宜采用专用接头或氩弧焊接。 (3) 管道穿过墙壁楼板处应安装套管，穿墙套管长度应和墙厚相等，穿过楼板套管长度应高出地面 50mm，管道与套管间的空隙应采用柔性不燃材料填塞密实。 (4) 管道应固定牢固管道与支吊架之间应用橡胶垫或石棉垫绝缘，管道末端处应采用支架固定，支架与喷头的管道长度不应大于 250mm

2.5 气体灭火系统

2.5.1 系统设计概述

气体灭火系统是指平时灭火剂以液体、液化气体或气体状态存储于压力容器内，灭火时以气体（包括蒸汽、气雾）状态喷射作为灭火介质的并能在防护区空间内形成各方向均一的气体浓度，而且至少能保持该灭火浓度达到规范规定的浸渍时间，实现扑灭该防护区的空间、立体火灾。目前，国内常用的气体主要是 IG-541 和 FM200，国外常用的气体是 IG-100、IG-55 和 CO_2。因 CO_2 不适合用在有人的场合，IG-55 相对 IG-100 充装麻烦，因此本分册不予阐述。

在通用设备设计过程中，应开展三维数字化设计，并由各设备厂家提供三维模型。

2.5.2 系统设计原则

气体灭火系统在抽水蓄能电站中主要用于中控室、继电保护室、计算机室、通信机房、信息机房（包括信息机房的主机房、变配电室、不间断电源系统和电池室）和档案室等处所。系统结构：中控楼气体灭火系统一般包含中控室、计算机室、通信机房、档案室等防护区，因此一般采用组合分配系统；开关站继电保护楼一般只有继电保护室一个保护区，因此一般采用单元独立结构系统。

气体灭火系统按全淹没方式设计，气体灭火系统的设计参数见表 2-4。

表 2-4　气体灭火系统的设计参数

设备类型	IG-100	IG-541	FM200
灭火设计浓度	中控室、继电保护室、计算机室、通信机房、信息机房、档案室均为 40.3%	中控室、继电保护室、计算机室、通信机房、信息机房、档案室均为 37%	中控室、继电保护室、计算机室、通信机房、信息机房 8%，档案室为 10%
设计喷放时间	喷放时间不应大于 60s	当喷放至设计用量的 95%时，其喷放时间不应大于 60s，且不应小于 48s	中控室、继电保护室、计算机室、通信机房不大于 8s，档案室不大于 10s
系统特点	系统压力高，输送距离远，喷放后对电气元件无损害，环保，易充装，相对 IG-541 不易爆瓶	系统压力高，输送距离远，喷放后对电气元件无损害，环保，但不易充装，相对 IG-100 有爆瓶风险	系统压力低，输送距离不远，喷放后产生的粉末对电气元件有损害，低毒

气体灭火防护区应设置泄压口，泄压口面积按相应气体灭火系统设计规定计算。

灭火系统的储存装置在 72h 内不能重新充装恢复工作，或不能间断保护时，应按该系统储存量的 100%设置备用量。

气瓶间的设置，应注意远离经常有人或人员密集的场所，如不能设在中控室的正下方、正上方、隔壁等房间。

系统设计例图见附图六～附图八。

2.5.3 系统配置及设备选型

气体灭火系统主要由气体瓶组、启动瓶组、喷嘴、各种阀门、启动装置、气体灭火控制盘、电源箱、声光报警器、泄压口、气体管路和附件、电缆管线等系统正常安全运行所必需的设备和部件组成。电磁阀、压力开关应采用性能可靠、质量优良的成熟产品，瓶头阀主体材质为紫铜；启动管路采用紫铜管，集流管和气体输送管道及管件采用无缝钢管。需要灭火时，根据火灾报警系统发出的自动信号或手动启动信号，启动该系统，气体通过管道输送到设在各个防护区吊顶下的喷嘴，喷放气体灭火。

系统应同时具有自动控制、手动控制和机械应急操作三种启动方式。

处于自动控制方式时，必须接收到电站消防监控系统发出的启动气体灭火信号后，方能启动灭火系统。自动控制启动时应设置 0～30s 的延时，以便防护区内人员撤离和关闭通风管道中的防火阀。每个防护区应设置一个手动/自动选择开关，选择开关上的手动和自动位置应有明显的标识，并能输出开关位置信号给电站消防监控系统。当选择开关处于手动位置时，选择开关上应有明显的警告指示灯。

防护区入口处应设置紧急停止喷放装置。紧急停止喷放装置应具有防止误操作的保护措施。在所有情况下，手动启动控制应优先于紧急停止功能。

系统的驱动控制盘及气体灭火控制盘设置在经常有人出入的场所，气体灭火控制盘应符合国家固定灭火系统驱动控制装置标准的要求。

2.5.4 系统主要技术参数和技术要求

系统主要技术参数和技术要求见表 2-5。

表 2-5 系统主要技术参数和技术要求

设备类型	IG-100	IG-541	FM200
系统设计公称工作压力（MPa）	15、20	15、20	2.5、4.2、5.6
系统最大工作压力（50℃）（MPa）	17.2、23.2	17.2、23.2	4.2、6.7、7.2
储存容器充装压力（20℃）（MPa）	15、20	15、20	2.5、4.2、5.6
储存容器公称工作压力（MPa）	15、20	15、20	4.2、5.6
储存容器容积（L）	80	70～120	40～240
系统工作电源	交流 220V，50Hz，备用电源直流 24V	交流 220V，50Hz，备用电源直流 24V	交流 220V，50Hz，备用电源直流 24V
气体储存环境温度（℃）	0～50	−10～50	−10～50
系统启动方式	电气自动、电气手动、机械应急手动	电气自动、电气手动、机械应急手动	电气自动、电气手动、机械应急手动
启动气体	氮气（N_2）	氮气（N_2）	氮气（N_2）
启动气体充装压力（20℃）（MPa）	6	6	6

2.6 干粉灭火装置

2.6.1 系统设计概述

干粉灭火装置是固定安装在防护区内，能通过自动或手动启动，由驱动介质驱动干粉灭火剂实施灭火的定型装置，一般为悬挂式或壁挂式安装，适用于小空间的消防保护，具有安装、操作、维护简单等特点。

2.6.2 系统设计原则

抽水蓄能电站的副厂房、主变压器洞、开关站 GIS 室、继电保护楼的电缆层、电缆廊道等电缆交叉、密集及中间接头部位应设置自动灭火系统。结合电站消防系统设计及土建布置，可选用超细干粉灭火系统。

电缆竖井应采取相应的防火封堵措施。根据当地消防部门的要求，可选择超细干粉灭火系统。

干粉灭火装置当用于对某空间进行全部保护时，采用全淹没式灭火方式，且宜采用超细干粉灭火剂；当用于保护空间内某一物体或设备时，宜采用局部应用式灭火方式。

当用于保护同一防护区或同一被保护对象时，应选用同一类型和同一规格的灭火装置。

干粉灭火装置的设计要求、配置计算、布置要求等应遵循 CECS 322：2012《干粉灭火装置技术规程》，设计灭火浓度不小于经权威机构认证合格的灭火浓度的 1.2 倍，单位面积设计灭火用量不小于经权威机构认证合格的单位面积灭火用量的 1.2 倍。

在通用设备设计过程中，应开展三维数字化设计，并由各设备厂家提供三维模型。

2.6.3 系统配置及设备选型

干粉灭火装置可采用感温元件或电引发器启动。当采用电引发器时，应设置自动控制和手动控制两种启动方式，且可相互转换。每个独立的保护区域应至少设置 1 个手动启动按钮。

自动控制装置应在接到 2 个独立的火灾报警信号或确定火灾信号后才能启动。

采用自动控制启动方式时，应具有时间不大于 30s 的可控延迟启动功能。采用延迟启动时，应在靠近装置启动的部位设置手动紧急停止干粉灭火装置启动的装置。

2.6.4 系统主要技术参数和技术要求

系统主要技术参数和技术要求见表 2-6。

表 2-6 系统主要技术参数和技术要求

设备名称	技术参数	技术要求
悬挂式灭火装置	喷射剩余率：≤5% 喷射时间：符合 GA 602—2006《干粉灭火装置》中 6.6.2 和 6.6.3 的规定	干粉灭火剂充装质量偏差为充装量的 0%～5%

第3章 机电设备消防系统

3.1 编制依据

GB 7894 水轮发电机基本技术条件
GB 50016 建筑设计防火规范
GB 50219 水喷雾灭火系统设计规范
GB 50872 水电工程设计防火规范
DL 5027 电力设备典型消防规程

3.2 系统设计概述

机电设备消防系统主要对抽水蓄能电站中发电电动机和主变压器及其他需要设置固定灭火系统的变压器、油罐室等消防灭火。

在通用设备设计过程中，应开展三维数字化设计，并由各设备厂家提供三维模型。

3.3 系统设计原则

机电设备的灭火方式有多种，包括自动水喷雾灭火、细水雾灭火、气体灭火或者泡沫灭火等。抽水蓄能电站因其水质较好、埋深大、取水方便，一般采用自动水喷雾灭火系统。自动水喷雾灭火系统是利用水喷雾喷头把水粉碎成细小的水雾滴之后喷射到正在燃烧的物质表面，通过表面冷却、窒息及乳化、稀释的同时作用实现灭火。自动水喷雾灭火系统不仅可以提高扑灭固体火灾的灭火效率，同时由于水雾不会造成液体火飞溅，电气绝缘性好，因此在扑灭可燃液体火灾、电气火灾中得到广泛应用。对于抽水蓄能电站机电设备消防灭火主要介绍目前应用最广泛的自动水喷雾灭火系统。

1. 发电电动机及主变压器

抽水蓄能电站发电电动机和主变压器均需设置自动水喷雾灭火系统。根据相关规范要求，发电电动机和主变压器水喷雾灭火的工作水压应满足喷头前的供水压力不小于0.35MPa的要求。发电电动机定子上下端部绕组圆周长度上的设计喷雾强度不应小于10L/(min・m^2)，火灾延续时间按10min计算。主变压器本体上设计喷雾强度不应小于30L/(min・m^2)，主变压器周围集油坑上的设计喷雾强度不应小于10L/(min・m^2)。主变压器保护面积为扣除底面面积的变压器外表面面积及储油柜、冷却器的外表面面积和集油坑的投影面积。火灾延续时间按24min计算。主变压器事故油池容积应至少满足0.4h水喷雾的水量，以及单台主变压器本体全部油量的容纳要求。

抽水蓄能电站发电电动机和主变压器的灭火水源取自下水库。消防系统水压能够满足机电设备消防灭火要求的电站，可采用自流供水；消防系统水压不足的电站，需设置水泵进行加压。

考虑供水的可靠性，发电电动机和主变压器的消防系统分开设置。消防用水取自全厂公共供水总管（该管路水源取自下水库），经水泵加压（若需要）后分别供至发电电动机消防供水总管和主变压器消防供水总管，再分别形成供水环管。

每台发电电动机的消防水取自发电机消防供水总管，经手动阀、雨淋阀、自动化元件等供至发电机机坑内部，在发电电动机定子上下端部设置两圈环管，喷头布置在环管引出的小支管上。

每台主变压器的消防水取自变压器消防供水总管，经手动阀、雨淋阀、自动化元件等供至变压器室，在变压器周围设置一圈环管，喷头布置在环管引出的支管上，一般布置2～3层喷头，以保证能全部包络变压器本体及油坑。

机电设备自动水喷雾灭火系统设计例图详见附图九。

2. SFC输入/输出变压器

SFC输入/输出变压器若采用干式变压器可不设置自动灭火系统，若采用油浸式变压器，当容量大于12.5MVA时，应设置自动灭火系统。结合抽水蓄能电站主变压器自动灭火方式，SFC输入/输出变压器的消防采用水喷雾灭火方式。SFC输入/输出变压器消防供水总管可引自主变压器消防供水总管，变压器的消防喷头设计原则、水雾强度和火灾延续时间均与主变压器相同。

3. 油罐室（库）

当充油油罐总容积超过100m^3，或单个充油油罐容积超过50m^3时，应设置自动灭火装置，可选用自动水喷雾灭火系统。水喷雾设计喷雾强度应为

13L/(min·m^2)，油罐的保护面积应为储罐顶部和侧面面积之和。

3.4 设备选型原则和系统设备配置

3.4.1 设备选型原则

1. 消防水泵

发电电动机消防水泵和主变压器消防水泵流量分别按照发电电动机和主变压器灭火包络图中布置的喷头总数计算，包络图中喷头按照规范要求的喷雾强度和喷头的流量进行布置。消防水泵的扬程按照下水库死水位至喷头布置最高点的高程差，并考虑水力损失和喷头处所需的水压力进行计算。

2. 雨淋阀

根据安装雨淋阀处可能出现的最大压力考虑，口径根据各机电设备灭火所需的流量，并考虑经济流速 2～3m/s 计算确定。

3.4.2 系统设备配置

1. 发电电动机消防系统

消防水泵（对于压力不足的电站）2 台，一主一备。雨淋阀每台机组一只。根据消防规范要求，消防供水的过滤精度需达到 0.6～0.710mm，抽水蓄能电站公共供水管上都设置了自动滤水器，其过滤精度一般为 0.5mm，在发电电动机消防供水管上可不设置过滤器。若公共供水管上滤水器精度低于 0.6mm，则应在发电电动机消防供水管设置 Y 型管道滤水器，共 2 只。

2. 主变压器消防灭火系统

消防水泵（对于压力不足的电站）2 台，一主一备。雨淋阀每台主变压器一只。Y 型管道滤水器的配置原则同发电电动机消防系统。

3.4.3 系统主要技术参数和技术要求

系统主要技术参数和技术要求见表 3-1。

表 3-1 系统主要技术参数和技术要求

序号	设备名称	主要特性参数	主要结构形式及特点	其他要求
1	水泵	流量：根据各机电设备消防需求水量计算。 扬程：根据机电设备消防系统计算。 水泵未启动时进口承压水泵承压 流量扬程性能曲线应为无驼峰、无拐点的光滑曲线，零流量时的压力不应大于设计工作压力的 140%，且宜大于设计工作压力的 120%；当出口流量为设计流量的 150%时，其出口压力不应低于设计工作压力的 65%	（1）水泵泵壳应采用球墨铸铁、铸钢等铸造合金；泵轴采用 20Cr13 的不锈钢或相当的抗腐蚀材料；叶轮、叶轮密封环、壳体密封环等采用不锈钢材料或其他抗腐蚀材料。 （2）水泵轴承座外表面温度不应超过 75℃，温升不应超过 35℃。 （3）水泵轴承处应密封良好	（1）消防水泵的各项技术要求必须满足 GB 6245—2006《消防泵》中相关条款的规定。 （2）消防水泵泵体上应铸出表示旋转方向的箭头。 （3）消防泵进出口法兰上应设置取压孔
2	Y 型滤水器	流量：根据各机电设备消防需求水量计算。 过滤精度：不低于 0.5mm。 承压：根据各机电设备消防系统承压选择	（1）滤水器为水平向下安装，排污口与出流成锐角。 （2）滤水器本体采用铸钢件，滤网采用不锈钢滤网	滤水器最大内水压降不大于 2m 水头
3	雨淋阀组	直径：根据各机电设备消防水量选择。 压力：根据各机电设备消防系统承压选择	（1）雨淋阀为隔膜型。 （2）雨淋阀组应能在本体上手动操作和在全厂火灾报警及消防控制系统喷淋控制箱上电动操作，进行自动水喷雾灭火。 （3）雨淋阀组应设有阀位指示装置，可确定雨淋阀组的启闭状态。 （4）雨淋阀主阀主要部件应为不锈钢，阀体为不锈钢材料制造。 （5）雨淋阀组的反馈应考虑电站水质的实际情况，应有防止泥沙堵塞反馈装置管路的措施	（1）雨淋阀组至少应包括雨淋控水阀、过滤器、止回阀、电磁阀、手动调试排水阀、压力开关、水力警铃等组件，并提供成对外接不锈钢法兰。 （2）弹簧和隔膜应能正常工作 50000 次而无断裂和破损，寿命不小于 10 年。 （3）阀体流道应光滑并作可靠防腐。主阀的运动部分应运动灵活无卡阻

第4章　电缆防火封堵系统

4.1　编制依据

GB 23864　防火封堵材料
GB 28374　电缆防火涂料
GB 50016　建筑设计防火规范
GB 50217　电力工程电缆设计标准
GB 50872　水电工程设计防火规范
DL 5027　电力设备典型消防规程
DL/T 5707　电力工程电缆防火封堵施工工艺导则
DL GJ154　电缆防火措施设计和施工验收标准
Q/CHECC 011　水力发电厂电缆防火阻燃措施设计规范
国家电网公司电缆敷设典型设计技术导则

4.2　系统设计概述

电缆防火是抽蓄电站消防工程的一部分，是为防止因电缆本体或由外界火源造成电缆引燃，沿电缆延燃而使火灾事故扩大而采取的防火封堵、分隔措施。电缆防火工程应在电站投入运行前对电缆、电缆构筑物采取有效的防火阻燃措施，尤其是对电缆易着火的接头部位，电缆通过高温、易爆、易燃、危险品仓库、油箱、油管道、热管道，以及其他等易引发电缆火灾的区域。避免或减少火灾事故的发生，最大限度地降低火灾事故的损失，保证电缆的安全运行，同时改善运行环境，有利于电站安全文明生产。

在通用设备设计过程中，应开展三维数字化设计，并由各设备厂家提供三维模型。

4.3　系统设计原则

(1) 电缆防火工程设计、施工应满足国家、行业有关技术标准、规范的要求。

(2) 本着减少电缆着火几率，阻止电缆着火延燃的目的，按现场实际情况，主要采取“封”“堵”“隔”“涂”等防火技术措施，形成有效的防火区域，遏止电缆火灾的发生和蔓延。

(3) 实施防火措施，改善运行环境，确保电站安全与文明生产。

4.4　系统设计方案

1. 地下厂房及各洞群

包括主厂房（由蜗壳层、水轮机层、中间层、发电机层等组成）、主副厂房各层、主变压器洞各层、安装场及安装场辅助副厂房各层、母线洞、进厂交通洞、主变压器进风洞、主变压器排风洞、电缆交通洞、通风兼安全洞、500kV电缆出线洞等。

2. 地面枢纽建筑

包括地面开关站、GIS室、继电保护楼、柴油机房、上水库进出水口及上水库其他建筑、下水库进出水口及下水库其他建筑、业主营地及中控楼、室内外电缆沟等所有涉及电缆的部位。

4.5　系统配置及设备选型

1. 电气柜、盘或控制屏、台的电缆孔洞

包括预留孔洞的封堵，根据具体情况分别采用如下方案：

(1) 屏柜电缆孔洞采用无机耐火隔板、阻火包或速固型无机堵料和柔性有机堵料进行组合封堵，封堵厚度等于楼板厚度。若楼板厚度大于250mm，则封堵厚度可以小于楼板厚度但必须不小于100mm。

(2) 屏柜为全封闭结构柜且柜底钢板无法移动的，电缆孔洞用无机耐火隔板、阻火包和柔性有机堵料进行倒封，封堵厚度等于楼板厚度。若楼板厚度大于250mm，则封堵厚度可以小于楼板厚度但必须不小于100mm。

(3) 室外柜孔洞用复合型耐火隔板、耐水型无机堵料和柔性有机堵料封堵，封堵厚度大于100mm。

2. 电缆、离相封闭母线穿楼板孔洞

电缆穿楼板孔洞，在潮湿部位（水轮机层及以下），用复合型耐火隔板、耐水型无机堵料和柔性有机堵料封堵；其他用无机耐火隔板、阻火包和柔性有机堵料封堵；封堵厚度与楼板相同。若楼板厚度大于400mm，则封堵厚度可以小于楼板厚度但必须不小于200mm。耐火隔板采用角铝封边固定。

离相封闭母线穿楼板孔洞封堵参考上述方案，但与母线直接接触的柔性有机堵料应对外壳无腐蚀影响。

3. 电缆、桥架、离相封闭母线穿墙孔洞

电缆、桥架穿墙孔洞用阻火包、速固型或耐水型无机堵料和柔性有机堵料封堵，封堵厚度与墙厚度相同。封堵处加装无机耐火隔板（室内）或复合型耐火隔板（室外），耐火隔板采用角铝封边固定。

离相封闭母线穿墙孔洞封堵参考上述方案，但与母线直接接触的柔性有机堵料应对外壳无腐蚀影响。

4. 电缆穿管管口

电缆穿管管口用柔性有机堵料封堵，封堵厚度大于或等于50mm。

5. 端子箱封堵

端子箱用柔性有机堵料封堵，封堵厚度大于或等于20mm。

6. 电缆沟

在电缆沟进、出部位，电缆沟交叉口，电缆沟进、出设备洞、室的孔洞，直线段每隔60m等部位设置阻火墙。室内电缆沟用阻火包和柔性有机堵料进行组合构筑，厚度为320mm。潮湿部位或室内外接口处的阻火墙用耐水型无机堵料和柔性有机堵料组合构筑，厚度为240mm。有排水要求的电缆沟底部用无机防火型砖块垫起，留有足够的排水洞，并用不锈钢丝网隔离防止小动物通过。

7. 电缆廊道或斜井

在电缆廊道或斜井进、出口，交叉、分支，长距离每隔60m处，应设置阻火墙，阻火墙采用阻火包和柔性有机堵料构筑，厚度为320mm。潮湿部位用耐水型无机堵料和柔性有机堵料构筑，厚度为240mm。

针对电站高压出线斜井，每隔60m左右设防火隔墙（砖墙），电缆穿越隔墙处用防火材料封堵。

8. 电缆桥架

多层电缆桥架，动力电缆层间、动力电缆与控制电缆层间采用厚度为5mm的无机耐火隔板进行层间分隔，耐火时间不小于0.5h。隔板连接时需用50mm左右搭接，用专用螺栓固定，安装的工艺缺口和缝隙较大部位用柔性有机防火堵料封堵严密。电缆桥架下方布置有设备时，底层桥架应同样设置隔板。

电缆桥架的端头、三通、分支、引上、引下处应设置阻火段，采用阻火包及柔性有机堵料组合封堵，厚度不小于320mm。

电缆桥架分支、直线段每隔60m处及机组段间的阻火段采用2m长的防火罩安装在防火桥架上进行全封闭分隔，两端用阻火包和柔性有机堵料封堵。防火罩也可采用多块耐火隔板加角铝方式组装，桥架横断面方向隔板应制作搭扣以方便装卸。

9. 电缆竖井

应在电缆竖井的上、下两段，进出电缆的孔口及竖井的每一楼层进行防火封堵，采用上下两层无机耐火隔板、阻火包、柔性有机堵料组合封堵。楼板下无机耐火隔板用膨胀螺栓固定，柔性有机堵料主要用于电缆周围的封堵。封堵厚度与楼板厚度齐平，下侧用角钢或槽钢支撑。若楼板厚度大于400mm，则封堵厚度可以小于楼板厚度但必须不小于200mm。

电缆竖井封堵应采用耐火极限不低于1h的防火封堵材料。封堵层应能承受巡检人员的荷载。活动人孔可采用承重型防火隔板制作。

敷设110kV及以上的电缆竖井，在同一井道内敷设2回路及以上电缆时，不同回路之间用防火隔板进行分隔。

当竖井内设有水喷雾、细水雾等固定式灭火设施时，竖井内的防火封堵可不受上述要求的限制。

10. 其他

在电缆隧（廊）道或斜井阻火墙两侧不小于1.5m的电缆涂刷水性防火涂料。其他所有防火分隔物两侧的电缆应涂长度为1m的水性防火涂料，厚度不小于1mm。

在电缆中间接头两侧电缆各3m区段和该范围并列的其他电缆上涂刷水性防火涂料。尽量减少中间接头的数量，中间接头应安装在专用电缆接头保护盒内进线保护。

地下厂房电缆沟内防火封堵部位应进行编号，建议设置钢化玻璃盖板便于巡检。

上述各部位阻火墙、防火封堵层的耐火极限应不低于1h。

电缆防火封堵设施应与主体工程同时设计、同时施工、同时验收，防火设施未验收合格的电缆线路不得投入运行。

电站其他水机、给排水、暖通等系统孔洞的防火封堵按各专业设计文件、国家标准图集的要求执行，可参照电缆防火要求进行封堵。

电缆孔洞封堵示意图见附图十～附图二十六。

4.6 系统技术要求

4.6.1 资格要求

（1）电缆防火材料应是经过“国家防火建筑材料质量监督检验中心”检验合格的产品，并应提供相关的检验合格报告，提供经“中国消防产品质量认证委员会”出具的产品型式认证证书。

（2）电缆防火材料应通过消防部门组织的投产鉴定。

4.6.2 系统主要技术参数和技术要求

1. 耐火隔板

无机耐火隔板采用无机不燃材料制作，复合型耐火隔板以无机不燃材料为基体，内外表面复合有机高分子难燃材料制成；用于电缆孔、洞的防火封堵。其主要技术参数和技术要求见表 4-1。

表 4-1　耐火隔板主要技术参数和技术要求

项目	单位	技术参数和技术要求
体积密度	kg/m³	(1.7±0.2)×10³
耐水性		常温下浸泡 10 天无明显变化
耐油性	d	≥3，不溶胀，不开裂
耐湿热性	h	≥120，不开裂、不粉化
耐冻融循环	次	≥15，不开裂、不粉化
弯曲强度	MPa	≥45
燃烧性能		A 级

2. 阻火包

阻火包的外包由编织紧密的不燃玻璃纤维布制作，包内填充无机不燃材料及相应助剂，且有不燃性。遇火时，阻火包内的材料应能迅速膨胀，形成严密的防火封堵层，达到阻止延燃的目的；用于电缆孔洞及阻火墙等防火封堵。其主要技术参数和技术要求见表 4-2。

表 4-2　阻火包主要技术参数和技术要求

项目	单位	技术参数和技术要求
松散密度	kg/m³	≤1.2×10³
耐水性	d	≥3，内装材料无明显变化，包体完整，无破损
耐油性	d	≥3，内装材料无明显变化，包体完整，无破损
耐湿热性	h	≥120，内装材料无明显变化
耐冻融循环	次	≥15，内装材料无明显变化
膨胀性能	%	≥150
抗压强度	MPa	≥0.05
抗跌落性		5m 高处自由落在混凝土水平面上，包体无破损
耐火性能	min	≥180

3. 柔性有机防火堵料

柔性有机防火堵料应以有机材料为主要成分的固状柔性防火材料制成，具有长期柔软性，遇火碳化，形成坚固的阻火隔热层，具有阻火、阻烟、防尘、防水、防小动物等功能；用于防火墙电缆周围、电缆管口、电缆及其孔洞缝隙等的防火封堵。其主要技术参数和技术要求见表 4-3。

表 4-3　柔性有机防火堵料主要技术参数和技术要求

项目	单位	技术参数和技术要求
密度	kg/m³	≤2.0×10³
耐水性	d	≥3，无溶胀
耐油性	d	≥3，无溶胀
腐蚀性	d	≥7，无锈蚀、腐蚀现象
耐水性	d	≥3，不溶胀，不开裂
耐油性	d	≥3，不溶胀，不开裂
耐湿热性	h	≥120，不开裂、不粉化
耐冻融循环	次	≥15，不开裂、不粉化
耐火性能	min	≥180
无卤型卤酸含量	mg/g	0
无卤型烟气毒性	级	ZA

4. 无机防火堵料

无机防火堵料应以无机材料为主要成分的防火材料制成。其主要技术参数和技术要求见表4-4。

表 4-4 无机防火堵料主要技术参数和技术要求

项目	单位	技术参数和技术要求
干密度	kg/m^3	$\leqslant 2.0\times10^3$
耐水性	d	≥3，无溶胀
耐油性	d	≥3，无溶胀
耐湿热性	h	≥120，不开裂、不粉化
耐冻融循环	次	≥15，不开裂、不粉化
腐蚀性	d	≥7，无锈蚀、腐蚀现象
耐火性能	min	≥180
抗压强度 R	MPa	$0.8\leqslant R\leqslant 6.5$
初凝时间 t	min	$15\leqslant t\leqslant 45$

5. 水性防火涂料

水性溶剂，无异味，绿色环保型涂料，具有附着力强，抗弯性好，耐水、耐油、耐盐、耐候等特性。其主要技术参数和技术要求见表4-5。

表 4-5 水性防火涂料主要技术参数和技术要求

项目	单位	技术参数和技术要求
阻燃性	m	炭化高度≤2.5
细度	μm	≤90
黏度	s	≥70
干燥时间	h	表干≤5，实干≤24
耐油性		浸泡7d，涂层无起皱、无剥落
耐盐水性		浸泡3d，涂层无起皱、无剥落
耐湿热性		经过7d试验，涂层无起泡、无脱落
耐冷热循环性		经15次循环，涂层无起泡、无脱落
抗弯性		涂层不起层、无脱落、无剥落

4.6.3 施工工艺要求

1. 电缆沟防火墙施工要点

施工时，在沟底构筑200mm高的排水孔洞，排水孔洞用不锈钢丝网防护，电缆周围需用柔性有机防火堵料均匀包裹密实，其余空隙用阻火包或耐水型无机防火堵料来填充，从下到上紧密堆砌，一般交叉堆砌以增强其稳定性，施工好后以对侧不透光为准。在防火墙两侧电缆各1m处涂涮防火涂料，涂刷厚度为1.0mm。为便于查找，施工完毕后在电缆沟盖板上涂涮“防火墙”字样。在电缆沟分支、交叉、出入口、直线段每隔约60m等处设置防火墙，使电缆沟形成多个防火区域，火灾发生时互不波及。

2. 电缆穿墙孔洞施工要点

施工时，先用柔性有机防火堵料将电缆四周包裹，余下孔洞采用阻火包从下到上交叉堆砌。墙体两侧采用5mm厚的防火隔板用膨胀螺栓固定在墙面上，并在防火墙两侧电缆各1m处涂刷防火涂料，涂刷厚度为1.0mm。

3. 穿楼板孔洞与屏柜结合封堵施工要点

先用耐火隔板按孔洞大小切割好后用膨胀螺栓固定在楼板底面。在电缆四周用柔性有机防火堵料包裹。整个孔洞由阻火包和柔性有机防火堵料填充与楼板相平，屏柜底部再用耐火隔板切割成按屏柜大小。隔板孔隙用柔性有机防火堵料封堵成型。在封堵后的下端电缆涂刷1m的防火涂料，涂刷厚度为1.0mm。

4. 电缆竖井封堵施工要点

先用耐火隔板作底板（隔板底面用角钢或槽钢为依托）。在电缆四周用柔性有机防火堵料包裹。其余空间用阻火包填充，上面平铺耐火隔板，切割后的空隙用柔性有机防火堵料封堵成型。封堵后的两侧涂涮1m的防火涂料，涂刷厚度为1.0mm。

5. 电缆桥架层间防火隔板施工要点

在钢制桥架的多层电缆或动力电缆与控制电缆的层间采用耐火隔板进行层间分隔，隔板连接时需用50mm左右搭接，并用专用螺栓固定，安装的工艺缺口和缝隙较大部位用柔性有机防火堵料封堵严密。

6. 其他工艺要求

（1）防火隔板安装应牢固，对工艺缺口与缝隙较大部位要进行防火封堵，外观应平整美观。

（2）有机防火堵料封堵应牢固严实，无脱落现象，表面应平整光洁。

（3）无机防火堵料的封堵表面应平整光洁，不得有粉化、不硬化、开裂等缺陷。

（4）阻火包的堆砌应密实牢固，对侧以不透光为合格，外观平整美观。

（5）防火涂料的涂刷表面应光洁干燥，涂刷应均匀，不应有漏涂线型。每次涂刷间隔时间应达到规定要求。遇电缆密集或成束敷设时，应逐根涂刷。

（6）所有封堵部位均应留有预留孔，预留孔用柔性有机防火堵料封堵，便于少量增加电缆。

（7）楼板上封堵层应能承受巡检人员的荷载。

（8）电站各区域详细防火封堵方案可根据现场实际情况适当调整。

第5章　火灾自动报警及消防控制系统

5.1　编制依据

火灾自动报警及消防控制系统设备的设计应遵照最新版本的国家标准（GB）、行业消防规范规程。

《中华人民共和国消防法》

国际标准化协会标准（ISO）

国际电工技术委员会标准（IEC）

中国电力行业标准（DL）

GB 4715　点型感烟火灾探测器

GB 4716　点型感温火灾探测器

GB 4717　火灾报警控制器

GB 15631　特种火灾探测器

GB 16280　线型感温火灾探测器

GB 16806　消防联动控制系统

GB/T 17626.2　电磁兼容试验和测量技术静电放电抗扰度试验

GB/T 17626.12　电磁兼容试验和测量技术振荡波抗扰度试验

GB 19880　手动火灾报警按钮

GB 50016　建筑设计防火规范

GB 50116　火灾自动报警系统设计规范

GB 50166　火灾自动报警系统施工验收规范

GB 50171　电气装置安装工程盘、柜及二次回路接线施工及验收规范

GB 50219　水喷雾灭火系统设计规范

GB 50370　气体灭火系统设计规范

GB 50872　水电工程设计防火规范

DL/T 5412　水力发电厂火灾自动报警系统设计规范

5.2　系统设计概述

火灾自动报警及消防控制系统由集中报警控制系统（主机）、区域报警控制系统（从机）和各种探测器、手动报警按钮、控制模块、监视模块、声光报警器、消防应急广播系统和消防电话系统等组成。

火灾自动报警及消防控制系统通过安装在电站现地各处各种类型的探测器，对火灾进行监视和探测，一旦发生火灾，给出声光报警信号，提醒运行人员做出适当的处理，对各种消防设备进行手动或自动控制。

在通用设备设计过程中，应开展三维数字化设计，并由各设备厂家提供三维模型。

5.3　系统设计原则

（1）抽水蓄能电站枢纽布置主要由地面中控楼、地面开关站（含继电保护楼和GIS楼）、上水库启闭机楼、下水库启闭机楼和地下厂房组成，其中地下厂房又由主厂房（含母线洞和安装场）、副厂房、主变压器洞（含500kV出线洞）组成。

（2）根据报警区域按防火分区或楼层划分的规定，将地面中控楼、地面开关站（含继电保护楼和GIS楼）、地下主厂房（含母线洞和安装场）、地下副厂房、地下主变压器洞（含500kV出线洞）、上水库启闭机楼和下水库启闭机楼划分为各自独立的报警区域。

（3）电站消防控制室设在安全防护消防控制中心或中控室，在电站消防控

制室设置一套集中报警及控制系统。

（4）在地面开关站（含继电保护楼和GIS楼）、地下主厂房（含母线洞和安装场）、地下副厂房、地下主变压器洞（含500kV出线洞）、上水库启闭机楼和下水库启闭机楼各设一台区域报警控制器（注：区域报警控制器数量可根据工程枢纽布置调整）。

（5）每台主变压器独立设置一套区域报警控制器（小型）。

（6）每台发电电动机也设有独立的区域报警控制器（由发电电动机生产厂家配套提供）。

（7）由于抽蓄电站各枢纽建筑分布较广，且互相之间距离较远，根据《水电工程设计防火规范》（GB 50872）和《水力发电厂火灾自动报警系统设计规范》（DL/T 5412），抽蓄电站消防电话系统采用与电站内安全可靠的调度电话系统合用的方案，不再单独设置专用的消防电话总机。

系统设计例图见附图二十七。

5.3.1 系统结构

系统采用智能型总线制集中报警系统。采取集中与分散相结合的报警及控制方式。系统由集中火灾报警控制器、消防广播系统、各区域火灾报警控制器、计算机操作管理工作站和各现地探测器、手动报警按钮、模块、消防广播扬声器等组成。在电站消防控制室设1套计算机操作管理工作站，计算机操作管理工作站与集中火灾报警控制器相连。

为提高全厂火灾报警系统的可靠性，防止由于干扰等原因而造成的误报、误动作，全厂火灾报警系统采用光纤组网，系统中集中火灾报警控制器、各区域火灾报警控制器、计算机操作管理工作站之间采用光缆连接成一个对等式网络；路由为：电站消防控制室—地下主厂房—地下副厂房—地下主变压器洞—1～4号主变压器区报—开关站—下水库启闭机楼—上水库启闭机楼—电站消防控制室（注：光缆路由可根据工程实际情况调整）。

消防广播系统采用总线制、分区广播，从电站消防控制室至地下厂房、开关站继电保护楼、上水库启闭机楼和下水库启闭机楼的声源和控制信号利用单模光纤和广播光端机传输，正常广播和事故广播之间的切换在主机端进行。

5.3.2 系统配置及设备选型

1. 集中报警及控制系统

在地面电站消防控制室设置一套集中报警及控制系统，主要设备包括集中火灾报警控制柜、联动控制柜、消防广播柜，以及一套计算机操作管理工作站等。

集中火灾报警控制器主要对电站内重要生产和电气设备集中场所进行火灾探测及对有关消防设备进行控制，并接收区域报警控制系统转发过来的火灾及控制动作反馈信息。集中火灾报警控制器可对系统中的各种消防控制设备进行自动或手动控制。

计算机操作管理工作站与集中火灾报警控制器相连，该工作站可以显示出火灾发生后在建筑平面图上探测器或手动报警按钮发出的报警信号、消防联动设备动作后的反馈信号等，可显示全厂火灾报警系统布置总图、各层平面图、各区域报警系统图等及相应的控制操作菜单。当火灾发生时，在工作站显示器上立即自动显示火灾发生地点的详细位置说明，同时还可以观察到火灾发生地点实时的烟雾浓度、温度变化过程曲线及变化趋势，利用工作站所连接的打印机，可以打印出火灾发生地点、时间及所编存地址的探测器号码，实现报警和控制信号返回图形动态显示和语音报警提示，并且通过键盘或鼠标可对系统内的消防设备进行操作控制。

集中报警控制柜或消防联动控制柜上设有对消防泵、正压送风机、排烟风机、雨淋阀等设备的手动启/停控制按钮，通过PLC多线控制系统实现对它们的远方手动控制，控制柜能显示其工作状态及故障情况。在计算机操作管理工作站上也可以进行手动迫使电梯升/降到疏散层、关闭防火卷帘门、停止通风机等操作。

全厂消防广播系统平时可播放背景音乐，火灾事故后将分区自动切换到消防事故广播状态，给出疏散提示，并能用话筒播音；全厂消防广播系统应能与声光报警器分时交替工作。

由于电站消防控制室与地下厂房、地面开关站、上水库启闭机楼、下水库启闭机楼距离较远，消防广播系统采用总线制，利用光端机和光缆传输广播信号。通常，消防广播柜设置在电站消防控制室，设置在各防火分区内的扬声器通过主机端与消防广播之间的进行切换。

2. 区域报警控制系统

在地下主厂房、地下副厂房、地下主变压器洞、地面开关站、上水库启闭机楼和下水库启闭机楼各设一台区域报警控制器，每台主变压器各设置一套区域报警控制器（小型）。发电电动机所属的火灾报警控制器（由发电电动机生产厂家配套提供）通过相关的接口模块接入全厂火灾自动报警及消防控制系统。

集中火灾报警控制器与区域报警控制器之间采用单模光纤相连，各报警控制器都将成为网络上的一个节点。各个节点之间都可以相互自动联控和监视，即在每一区域报警控制器上能显示全厂火灾报警信号，并实现对全网消防设备的手动和自动控制。

区域报警控制器的功能要求同集中报警控制器，主变压器区域报警控制器可采用小容量智能型报警控制器。

3. 雨淋阀控制系统

每台主变压器单独配置一个雨淋阀控制箱，在控制箱上布置切换开关、控制按钮、LED 指示灯等，箱内布置有信号模块、控制模块、中间继电器、端子排等。每台主变压器室外走廊墙上设有声光报警器和紧急启动按钮。

SFC 输入变压器、SFC 输出变压器分别配置一个雨淋阀控制箱，在控制箱上布置切换开关、控制按钮、LED 指示灯等，箱内布置有信号模块、控制模块、中间继电器、端子排等。SFC 输入变压器、SFC 输出变压器室外走廊墙上设有声光报警器和紧急启动按钮。

在中控楼火灾报警集中联动控制柜上为每台发电电动机、主变压器、SFC 输入变压器、SFC 输出变压器各配置一个远方手动灭火按钮，该按钮不受雨淋阀控制方式切换开关的限制，采用点对点多线控制方式（电缆硬布线或光缆硬布线）。

4. PLC 多线控制系统

火灾报警对消防水泵、正压送风机、排烟风机的手动控制，通过 PLC 多线控制系统实现。在地面中控楼、地下厂房、地面开关站、上水库启闭机楼和下水库启闭机楼各设一套 PLC 可编程控制器、工业级以太环网交换机、开关电源及多线手动控制盘，分别装于各自区域的火灾报警控制柜内，各 PLC 之间采用工业级以太环网交换机和单模光纤（独立光缆）组网，各 PLC 都将成为网络上的一个节点（注：可根据工程实际情况调整设置数量）。

PLC 与多线手动控制盘组成 PLC 多线控制系统。由多线手动控制盘发出的控制命令，可通过多线控制网络实现对设备的远方手动控制，有关设备的动作信号及故障信号，可通过多线控制网络上传至多线手动控制盘。

电站消防控制室集中报警控制柜或消防联动控制柜上的多线手动控制盘可以对全厂的多线控制设备进行手动控制，并显示全厂多线设备的动作及故障信号；其他区域火灾报警控制柜上的多线手动控制盘可以对所在区域内多线控制设备进行手动控制，并显示本区域多线设备的动作及故障信号。

5. 手动报警按钮

灭火时为便于联络消防人员，在配电间、电梯机房、空调机房、消防水泵房及厂内区域报警控制器旁等地设有带电话插孔的手动报警按钮，插入电话机即可与电站消防控制室通话。

6. 缆式线型感温探测器

在地下厂房电缆道、电缆层室、主变压器洞和主厂房电缆桥架、GIS 室电缆层等电缆密集场所设置可恢复式缆式线型感温探测器，探测器可重复使用。

7. 光纤感温探测器

500kV 高压电缆和层高较高的油罐室等场所采用光纤感温探测器。

8. 红外光束感烟探测器

对于发电机层、地面 GIS 室、主变压器室等高度较高且无遮挡的场所采用红外光束感烟探测器。

9. 防爆探测器和防爆编码接口

厂内汽轮机油罐室、油处理室和柴油发电机房等有易燃易爆物品的场所内的探测器采用防爆探测器和防爆编码接口。

10. 多波段红外火焰探测器

厂内汽轮机油罐室、油处理室、主变压器室等场所采用多波段红外火焰探测器。

5.4 消防控制要求

5.4.1 总体要求

火灾报警控制器设有若干条探测回路及相应的控制回路。每条探测回路可连接智能型感烟探测器、感温探测器等各种类型的探测器和手动报警按钮等。每条控制回路可连接信号模块、控制模块、声光报警器等。

5.4.2 系统对消防广播的控制

当某防火分区内发生火警事故时，系统根据接收到的信号，立即将该区域的背景音乐广播切换成消防广播；根据事先已录制好的消防疏散节目进行广播，指挥人员也可以用话筒进行指挥灭火或人员转移，系统自动对广播内容进行录音；消防应急广播的单次语音播放时间宜为10～30s，应与火灾声光报警器分时交替工作，可采取1次声光报警器播放，1次或2次消防应急广播播放的交替工作方式循环播放。

5.4.3 系统对声光报警器的控制

当某防火分区内发生火警事故时，系统根据接收到的信号，在确认火灾后，启动建筑物内所有的声光报警器，此时声光报警器发出红色闪烁光；火灾声光报警器单次发出火灾报警时间宜为8～20s，火灾声光报警器与消防应急广播交替循环播放。

5.4.4 系统对雨淋阀、风机、防火阀、排烟阀、防火排烟阀、排烟风机、正压送风口及正压风机的控制

当探测器探测到火情后，集中火灾报警控制器和区域报警控制器按预先编制好的逻辑关系发出控制指令，利用控制模块对相关部位的风机、电动防火调节阀、电动排烟风口（排烟防火阀）、全自动防火排烟阀、排烟风机、正压送风口（多叶送风阀）和正压风机进行自动控制，集中火灾报警控制器和区域报警控制器利用信号模块接收其反馈信号。

（1）雨淋阀的控制。当雨淋阀控制方式切换开关在“自动”方式，所探测区域内的感烟和感温探测器同时动作时，报警并作用于开启雨淋阀，同时输出启动喷淋水泵的控制信号；当雨淋阀控制方式切换开关在“手动”方式，此时装于控制箱上的雨淋阀手动控制按钮有效，感烟和感温探测器动作时仅报警。

（2）电动防火调节阀及风机的控制。电动防火调节阀平时常开，发生火灾事故时，自动关闭防火阀，并停止风机运行。

（3）电动排烟风口（排烟防火阀）及风机的控制。排烟阀平时常闭，发生火灾事故时，自动或现地打开排烟阀，使平时处于停运或半速运行的风机全速运转，进行排烟。

（4）全自动防火排烟阀的控制。全自动防火排烟阀平时常开，发生火灾事故时，自动关闭防火排烟阀，联动切断风机电源；火灾事故后，在区域报警控制器上远方手动或现地手动打开防火排烟阀，合上风机电源进行事故后排烟。

（5）正压送风口（多叶送风阀）及正压风机的控制。平时正压送风口关闭，正压风机停止。发生火灾事故时，自动（也可以现地手动）打开正压送风口，并合上风机电源进行正压送风。火灾事故后，现地手动关闭正压送风口，并停止风机运行。

5.4.5 集中报警控制系统对消防水泵的控制

（1）当探测器探测到火情后，将信号传送给火灾报警控制器，火灾报警控制器利用控制回路中的控制模块自动联动控制消防水泵，并将动作信号反馈给火灾报警控制器。

（2）在探测器还没有探测到火情，但经人工确认发生火灾的情况下，在火灾报警控制柜（或联动控制柜）或现地控制柜上可手动启动消防水泵，并反馈动作信号。

5.4.6 系统对卷帘门、电梯的控制

（1）系统得到火警信号后，除上述操作外，还应自动关闭卷帘门，迫使消防电梯升/降至疏散层。

（2）对于设在疏散通道上的防火卷帘门：感烟探测器动作后，卷帘门下降至距地面1.8m，感温探测器动作后卷帘门下降到底。

（3）对于用作防火分隔的防火卷帘门，探测器动作后，卷帘门应下降到底。

（4）在相邻防火分区的区域报警控制器上，可以手动控制卷帘门。

（5）在电站消防控制室联动控制柜上可手动操作控制区域报警控制器所属的防火分区内的卷帘门，使电梯升/降至疏散层。

5.4.7 对气体灭火系统的控制

气体灭火系统由火灾自动报警及消防控制系统实行自动联动控制和现地手动控制。

5.4.8 对细水雾灭火系统的控制

细水雾灭火系统由火灾自动报警及消防控制系统实行自动联动控制和远方手动控制。

5.4.9 发电机（或发电电动机）系统的消防控制

发电机（或发电电动机）设置有独立的火灾自动报警及消防控制装置，由发电机（或发电电动机）供货商配套供应，自成系统。发生火灾时，独立的火灾自动报警及消防控制装置将根据探测到的火警信号动作各自的雨淋阀，进行自动灭火，并将相关信号上送电站计算机监控系统和全厂火灾自动报警及消防控制系统。除上述自成闭环系统的消防控制外，在电站消防控制室的联动控制柜上还设有远方手动灭火按钮，可通过硬布线实现对上述设备的手动控制。

5.4.10 与电站计算机监控系统、工业电视系统、门禁系统的连接

（1）系统中各火灾报警控制器自身的故障信号和全厂各区域总火警信号分别通过干触点引入电站计算机监控系统相应的现地 LCU。火灾自动报警及消防控制系统与电站计算机监控系统的通信采用 RS485 串行口，并支持 MODBUS RTU 协议。

（2）火灾自动报警及消防控制系统与电站工业电视系统的通信采用 RS485 串行口，并支持 MODBUS RTU 协议，以实现工业电视系统监视画面与火警信号的视频联动，提高电站的监控水平。

（3）火灾自动报警及消防控制系统与电站门禁系统的通信采用开关量接口为主，通信方式（RS485 串行口，MODBUS RTU 协议）为辅，系统发送总火警信号给门禁系统。当发生火灾并得到确认后，可在门禁管理工作站上控制打开需要开启的通道门以供逃生，也可自动打开所有事先设置好的门。

5.5 系统主要技术参数和技术要求

系统主要技术参数和技术要求见表 5-1。

表 5-1　　系统主要技术参数和技术要求

序号	设备名称	技术参数	技术要求
1	智能型总线制火灾报警控制器	报警控制器容量：2～10 回路总线； 每回路总线：≥150 点；总线距离：≥1500m	（1）采用全总线计算机通信、总线报警和总线联动控制。 （2）分布式网络系统、模块化系统结构。 （3）以软件编程替代硬件组合，具有消防联动的灵活性和可修改性，可在线或离线编程且可实现全网络的任意编程。 （4）有丰富的自诊断功能。当火灾报警控制器与火灾探测器之间发生断线、电源故障、探测器断线、接触不良、电气击穿等故障时，能自动发出同火灾报警信号有明显区别的声、光故障信号。声故障信号能手动消除，或经一定延时自动消除；光故障信号应能保持，直至故障排除后，方可复原。在故障信号存在期间，如有火灾报警信号输入，应能发出声、光火灾报警信号。 （5）对探测器预警、火警、故障、需清洗等信息采用汉字显示。 （6）对重要消防设施设有一对一手动按钮。 当交流电源失去时，控制器内部自备直流电源自动投入，保证火灾报警系统连续、可靠地工作
2	智能型火灾探测器	工作电压变化范围：直流 15～36V	（1）内置微处理器，可自动采样、分析和判断火情；可自动调整灵敏度水平，能自动补偿，具有很强的环境适应性；具有完善自诊断功能，可通过火灾报警控制器对其进行在线维护，与底座配套供应。 （2）具有屏蔽措施，抗电磁干扰、抗温度影响、抗潮湿、抗腐蚀、抗噪声、防尘，信息传递稳定、可靠。 （3）探测器应与探测器底座配套供应，每个底座均应配置专用的防水垫
3	缆式感温探测器	报警温度：85～138℃	（1）缆式感温探测器为可恢复式线型定温火灾探测器，由微机调制器、传感电缆、终端盒组成。 （2）传感电缆采用金属屏蔽型结构，抗工频电磁干扰，芯线之间的阻抗随周围环境温度的变化而变化，具有定温报警功能，能连续监测，可重复使用。 （3）微机调制器内设信号处理电路，对传感电缆和环境温度进行连续地监视，对异常情况造成的温度升高和断线、断路进行报警，报警温度可在 85～138℃之间调整设定，并可在工程现场设定。能输出火灾报警、故障报警两组独立无源继电器触点输出；微机调制器和终端盒防护等级大于或等于 IP65。 （4）缆式感温探测器的探测区域长度不超过 100m（如有防火隔断应根据防火隔断距离设置），要求具有较强的抗电磁干扰能力，适合用于电缆道环境。防护等级大于或等于 IP65
4	光纤温度监测装置	主机通道数：≥4 通道； 每通道测量距离：≥4km； 定位精度：≤±1m；	（1）采用光纤分布式温度监测系统，其原理是利用光在光纤中传输时产生的自发喇曼（Raman）散射信号和光时域反射（OTDR）原理来获取空间温度分布信息，根据光纤中光波的传输速度和背向光回波的时间对温度信息定位，测温光缆采用吊架安装于被测环境的上方或与被测物接触式敷设。

序号	设备名称	技术参数	技术要求
4	光纤温度监测装置	测温范围：≥−10～120℃； 测温精度：≤±1℃； 响应时间：每路≤10s； 控制接口：≥80 路无源开关量触点、RS232/485	（2）通信接口：RS232 接口，能与信号转换用可编程控制器连接和通信；RJ45 接口，能通过网络交换机与电站消防控制室计算机操作管理工作站通信。 （3）具有光纤断点的自动检测功能：当探测光纤受损，光纤温度监测系统可以即时定位受损点，并通过网络上送消防监控终端通信，计算机自动弹出故障报警画面和故障信息。 （4）光纤温度监测系统的激光安全等级需满足 IEC 60825-1（2001-08）中 Class 1 级的要求。激光发射器寿命：≥3 年。 （5）阻燃金属铠装探测光缆：防护等级大于或等于 IP65，寿命大于或等于 30 年，具有较高的抗拉和抗压性能，长期抗压大于或等于 1000N，长期抗拉大于或等于 600N。 （6）系统具有小于或等于 50cm 的光纤报警性能
5	红外光束感烟探测器	标准探测间距：2～100m； 灵敏度：20%～70%可调； 监视状态消耗电流：2.5mA； 报警状态消耗电流：5.5mA； 使用温度范围：−10～50℃	（1）自动试验功能（输出值监视方式）：发射器接收器镜头污染，光路遮断，发射器异常监视。 （2）发射接收一体型。 （3）防水型
6	多波段红外火焰探测器	红外线探测视角：≥90°，紫外线探测视角：≥120°。 光谱范围： 紫外线范围：185～260nm； 红外线范围：≥3.8～5.0μm； 工作电压：直流 24V（直流 18～30V）； 适用环境：温度，≥−40～+70℃；相对湿度，0%～95%（40℃+2℃），不结露； 探测距离：≥25m； 相应时间：≤10s； 防护等级：≥IP66	（1）探测器应为智能型，采用“冗余”探测和多通道信息处理技术，应具备分析、判断能力，可自动完成对外界环境参数的补偿，应能抵御现场的各类干扰信号，特别是靠近高压强电的场所探测器应有抗工频电磁场的能力。 （2）当探测范围内有一定强度的红外辐射（火情）出现时，应能可靠地检测到干扰源，并立即向集中报警控制器报警。 （3）灵敏度高，具有防水、防尘、抗电磁、抗环境光干扰等特性，适应范围广（室内、室外均可），安装使用方便，带安装底座和调节用紧固螺栓；万向型，可实现两个自由度的调节，可随意调整其探测方位。 （4）探测器自身带地址，能接入火灾报警控制器总线，或是通过带地址的监视模块接入火灾报警控制器总线。 （5）具有继电器无源触点信号输出。 （6）隔爆型产品，防护等级：IP65，防爆等级：ExdⅡCT6，并有防爆合格证，通过 GB 15631—2008 进行型式检验。 （7）防爆型产品，其防爆性能符合 GB 3836 的要求，经国家防爆电器产品质量监督检测中心检验，取得防爆合格证书
7	手动报警按钮、消火栓按钮	类型：总线制、编址型； 工作电压：直流 24V	（1）若采用敲碎玻璃的方式作为火灾手动报警按钮，则应提供不敲碎玻璃时能启动消防系统进行消防试验的措施。 （2）部分手动报警按钮要求带电话插孔。 （3）消火栓按钮要求带有一副可直接启动消防水泵的触点，触点容量不小于 2A
8	监视模块（输入模块）	类型：总线制、编址型； 工作电压：直流 24V±2V； 工作温度：−10～60℃； 相对湿度：5%～95%； 触点容量：≥直流 24V、1A	（1）内置微处理器，通过软件自动编址，具有完善的自诊断功能，可对其自身的功能和运行状态进行检测，可通过火灾报警控制器对模块进行在线维护。 （2）用于接受水流指示器、压力开关、防火阀、排烟阀、风机、消防水泵、灭火电动阀等的动作反馈信号（统称为无源开关量信号），接在总线上
9	控制模块（输出模块）	类型：总线制、编址型； 工作电压：直流 24V±2V； 工作温度：−10～60℃； 相对湿度：5%～95%； 触点容量：≥24V、2A	（1）内置微处理器，通过软件自动编址，具有完善的自诊断功能，可对其自身的功能和运行状态进行检测，可通过火灾报警控制器对模块进行在线维护。 （2）用于控制相应的外控设备，如防火阀、排烟阀、电磁阀、消防水泵等，并能接收所控设备的动作反馈信号

序号	设备名称	技术参数	技术要求
10	楼层显示器	电源输入：直流 18～26V，150mA； 总线回路输入：直流 14～24V，静态电流：≤0.7mA，动态电流：≤1.0mA； 工作环境温度：0～40℃； 工作环境相对湿度：≤95%(40℃±2℃)	（1）中文液晶屏显示，并具有声光报警功能。 （2）显示火警部位及火警信息
11	重复显示器	事件历史记录：≥1000 条， 报警历史记录：≥200 条	火灾显示盘为网络型，能控制所有网络节点并提供中文文字显示，值守人员能通过火灾显示盘进行火灾确认、复位、消声、设备隔离等操作，配有 LCD 显示器和控制按键
12	短路隔离器	工作电压：直流 24V±2V； 工作温度：－10～－60℃； 相对湿度：5%～95%	短路隔离器需具有短路隔离功能，在短路隔离器后面的探测器或线路发生短路后，可自动将故障线路隔离，不影响报警线上其他设备的正常工作
13	声光报警器	工作电压：直流 24±2V； 音量输出：≥85dB； 发光强度：≥75cd； 耐久性能：≥72h	声音输出：间歇/常响两种不同声音输出
14	计算机操作管理工作站	选用知名品牌工作站，硬件参数根据实际情况配置	（1）软件：软件包括基本软件和应用软件，能够显示现场界面，接收和存储报警信息、显示报警点、显示各楼层或防火分区平面图等。同时，还可以观察到火灾发生地点实时的烟雾浓度、温度变化过程曲线及变化趋势。 （2）系统有故障或火警时，自动显示区域图（或楼层）或报警点，并在右上角显示报警信息，在报警点处图标闪烁，而且有声响报警，自动打印报警数据，包括信息（火灾或故障）、房间号、区号、位号、时间等，其他设备信息可用光标键选择
15	PLC 多线控制系统	工业级以太环网交换机：≥4 个光口，≥8 个 RJ45 电口； 每个中间继电器带独立的 2 动合、2 动断触点	（1）采用工业级基于 TCP/IP 的以太网交换机，拓扑结构为交换式冗余环网；链路冗余：支持超级冗余环技术，网络故障时，业务恢复时间小于或等于 500ms，支持主备冗余切换。 （2）可编程控制器 CPU 上内嵌 10M/100M 自适应以太网接口，具有开关量输入、开关量输出模块，背板上空槽位需配填充模块。用户程序不受掉电影响，内置锂电池保护实时数据及内部时钟，锂电池保护时间大于 2 个月
16	消防广播系统	（1）广播控制主机： 输入： 电话音频：1V； 话筒：200mV； 线路输入 1～6：200mV。 输出： 信号总线 6 路音频信号（平衡）：6V。 频率响应： 电话音频：100～8000Hz，±3dB； 话筒：60～12000Hz，±3dB； 线路输入 1～6：60～18000Hz，±3dB；	（1）采用总线制，广播分区、正常广播和事故广播之间的切换在主机端进行。 （2）从电站消防控制室至地下厂房、地面开关站、上水库启闭机楼和下水库启闭机楼的音源和控制返回信号采用光纤传输。 （3）广播控制主机。内置 6 路音源，有 6 路立体声音源输入，1 路话筒输入，可以方便地对外部音源进行选择和控制。2 路及以上 RJ45 接口可以将广播控制主机连接进入局域网，通过局域网中的计算机终端，利用广播控制软件方便地进行系统设置和监控系统运行。广播控制主机之间支持通过光纤组网。 （4）呼叫站和扩展键盘。呼叫站根据呼叫的分区数量配置扩展键盘，功能键 1～8 可以预设对应分区，值守人员在需要多区呼叫时，可以通过预设功能键进行选区，系统最多接入 8 个呼叫站。1 路线性输入，可实现音乐点播、呼叫、混音输出 3 种模式。 （5）分区矩阵处理器。可以把输入的音频信号按照不同要求进行合理地分区，具有 20 路分区选择输出，具有在消防信号触发下使不同区域在同一时间内播放不同广播内容的功能。

序号	设备名称	技术参数	技术要求
16	消防广播系统	高音调节 10kHz±10dB； 低音调节 100Hz，±10dB； 信噪比：80dB。 （2）呼叫站和扩展键盘： 灵敏度：－46dBV/PA； 频率响应：80Hz～16kHz； 方向性/00/1800：＞20dB(1kHz)； 等效噪声：25dBA(SPL)； 最大 SPL：125dB（THD＜3%）。 （3）分区矩阵处理器： 20 路音乐广播信号输入，连接正常广播功放； 20 路呼叫消防广播信号输入，连接呼叫消防广播功放； 20 路分区输出，连接 20 路分区音箱； 1 路控制信号输入，接收系统控制命令； 具有 128×64 的液晶显示屏和一键飞梭控制键。 （4）CD/MP3 播放器： 频率响应：20Hz～20kHz； 信噪比：90dB； 谐波失真：0.005%； 抖晃：可测极限之下； 输出电平：0dBV。 （5）定压功放： 功率输出：根据工程实际确定； 线路输入：1V，10kΩ（0dB）； 线路输出：1V，600Ω； 频响：20Hz～20kHz，±2dB； 信噪比：≥80dB； 失真度：≤1%，1/3 额定功率； 输出电压 100V：负荷阻抗 6.5Ω	（6）控制输入处理器。20 路及以上直流 24V 消防输入接口，1 路 RS485 接口与广播控制主机连接，实现消防联动功能。 （7）电话广播接口。为广播系统提供远程来电广播服务，能与程控交换机用户接口连接，具有自动转接电话功能，话筒音量大小及监听音量大小可调。 （8）CD/MP3 播放器。广播系统的音源内部电路采用全数码伺服，纠错能力强，应能兼容各种格式的 CD 和 MP3；采用高亮度动态 VFD 显示屏；通电后可自动播放，也可以通过远程控制进行定时播放。 （9）监听器。20 路线路输入，内置监听扬声器，分区选择监听，监听音量能控制调整。 （10）顺序电源启动器。8 路及以上电源输出，延时打开和延时关闭电源输出，消防紧急启动，定时开启和定时关闭电源输出，RS232 串口定时开启和定时关闭某些特定设备电源输出。 （11）定压功放。电压输出端具有保护功能，可防输出短路，防电力线意外搭接；紧急广播音量可预置；缓启动功能，2s 可达全额输出，既快速灵敏又防冲击。 （12）扬声器带有匹配变压器。匹配变压器的功率必须大于扬声器的额定功率。匹配变压器安装在音箱内，吸顶式扬声器则与匹配变压器固定在一起进行安装。扬声器在线路上设有音量开关，可暗装或明装

附录A　各种消防系统适用场所

地下及地面建筑消防设备布置表

序号	主要场所名称	消防设备	消防器材	火灾探测器类型
一	主厂房	消火栓		
1	发电电动机	水喷雾灭火系统	MF/ABC4 灭火器	由发电电动机厂家配套提供
2	发电机层及安装场	消火栓	MF/ABC4 灭火器、推车式细水雾灭火器（推荐）	红外光束感烟探测器
3	中间层（母线层）	消火栓	MF/ABC4 灭火器	点式感烟探测器
4	水轮机层	消火栓	MF/ABC4 灭火器	点式感烟探测器
5	蜗壳层	消火栓	MF/ABC4 灭火器	点式感烟探测器
6	母线洞	消火栓	MF/ABC4 灭火器	点式感烟探测器
7	油罐室	消火栓	MF/ABC4 灭火器、推车式泡沫灭火器/推车式细水雾灭火器（推荐）、砂箱	点式防爆感温探测器、火焰探测器
二	安装场副厂房	消火栓	MF/ABC4 灭火器	
三	副厂房	消火栓		
1	压气机室	消火栓	MF/ABC4 灭火器	点式感烟探测器
2	照明变配电室		MF/ABC4 灭火器	点式感烟探测器
3	LCU 室		二氧化碳灭火器	点式感烟探测器
4	电缆层	干粉或细水雾灭火系统	MF/ABC4 灭火器、防毒面具	点式感烟探测器
5	公用保安变配电室		MF/ABC4 灭火器	点式感烟探测器
6	直流设备室		MF/ABC4 灭火器	点式感烟探测器
7	蓄电池室		与直流设备室共用	点式防爆感烟探测器或点式防爆感温探测器
8	消防电梯机房		MF/ABC4 灭火器	点式感烟探测器

续表

序号	主要场所名称	消防设备	消防器材	火灾探测器类型
四	主变压器洞	消火栓		
1	主变压器室	水喷雾灭火系统 消火栓	MF/ABC4 灭火器	缆式感温探测器、红外光束感烟探测器、火焰探测器（三选二）
2	SFC 输入（出）变压器（油浸式变压器）	水喷雾灭火系统	MF/ABC4 灭火器	点式感烟探测器、点式感温探测器、缆式感温探测器、火焰探测器（四选二）
	SFC 输入（出）变压器（干式变压器）		MF/ABC4 灭火器	点式感烟探测器、点式感温探测器、缆式感温探测器、火焰探测器（四选一）
3	10kV 开关柜室		MF/ABC4 灭火器	点式感烟探测器
4	厂用变压器开关室		MF/ABC4 灭火器	点式感烟探测器
5	电缆室	干粉或细水雾灭火系统	MF/ABC4 灭火器、防毒面具	点式感烟探测器
6	SFC 盘柜室		MF/ABC4 灭火器、推车式细水雾灭火器（推荐）	点式感烟探测器
7	主变压器洞公用配电盘室		MF/ABC4 灭火器	点式感烟探测器
8	主变压器洞 LCU 盘室		二氧化碳灭火器	点式感烟探测器
9	交通电缆洞	消火栓	MF/ABC4 灭火器	点式感烟探测器
10	主变压器运输洞	消火栓	MF/ABC4 灭火器	点式感烟探测器
五	尾闸洞			
1	尾闸洞	消火栓	MF/ABC4 灭火器	
六	500kV 电缆出线洞		MF/ABC4 灭火器	光纤感温探测器、点式感烟探测器

续表

序号	主要场所名称	消防设备	消防器材	火灾探测器类型
七	进厂交通洞		MF/ABC4 灭火器	
八	通风兼安全洞		MF/ABC4 灭火器	
九	500kV 开关站继电保护楼	消火栓		
1	继电保护室	气体灭火系统	二氧化碳灭火器、防毒面具	点式感烟探测器、点式感温探测器
十	500kV 开关站 GIS 楼			
1	地下电缆室	干粉或细水雾灭火系统	MF/ABC4 灭火器、防毒面具	点式感烟探测器、点式感温探测器
2	GIS 室		MF/ABC4 灭火器	红外光束感烟探测器或火焰探测器
十一	中控楼	消火栓		
1	配电室		MF/ABC4 灭火器	点式感烟探测器
2	蓄电池室		MF/ABC4 灭火器	点式防爆感烟探测器或点式防爆感温探测器
3	通信设备室	气体灭火系统	二氧化碳灭火器、防毒面具	点式感烟探测器、点式感温探测器
4	计算机室	气体灭火系统	二氧化碳灭火器、防毒面具	点式感烟探测器、点式感温探测器
5	中控室	气体灭火系统	二氧化碳灭火器、防毒面具	点式感烟探测器、点式感温探测器
6	档案室	气体灭火系统	MF/ABC4 灭火器	点式感烟探测器、点式感温探测器
7	安全防护消防控制中心		MF/ABC4 灭火器	点式感烟探测器
十二	上水库进出水口启闭机房	室外消火栓	MF/ABC4 灭火器	点式感烟探测器

续表

序号	主要场所名称	消防设备	消防器材	火灾探测器类型
十三	下水库进出水口启闭机房及溢洪道启闭机房	室外消火栓	MF/ABC4 灭火器	点式感烟探测器
十四	机电设备库	消火栓	MF/ABC4 灭火器	点式感烟探测器
十五	信息机房	气体灭火系统	MF/ABC4 灭火器	点式感烟探测器、点式感温探测器

注 1. 火灾探测器的设置场所仅供参考，应根据工程实际情况设置。
2. 电站所有报警区域内的电缆桥架、电缆沟均设置缆式感温探测器。

日期	会签者	会签专业	日期	会签者	会签专业	日期	会签者	会签专业	日期	会签者	会签专业

厂房消火栓系统设计说明

一、设计说明

（一）本图为XX抽水蓄能电站厂房消火栓及其管道平面布置图及系统图的设计说明

（二）设计依据

《水电工程设计防火规范》 GB 50872—2014

《建筑设计防火规范》 GB 50016—2014

《消防给水及消火栓系统技术规范》GB 50974—2014

《建筑灭火器配置设计规范》 GB 500140—2005

《建筑给水排水设计规范》 GB 50015—2003(2009年版)

上序有关专业提供的图纸和有关资料

（三）消火栓给水系统

本厂房的消火栓系统为常高压给水系统．生活、消防给水从DN400的全厂公用供水总管取水．全厂公用供水总管水源为下水库，水量大于144m³。

(1)厂房室内消火栓用水量为20L/s,室外消火栓用水量为20L/s。

(2)消防水源水质应满足水灭火设施灭火、控火和冷却等消防功能的要求。

消防给水管道内平时所充水的pH值应为6.0～9.0。

(3)室内消火栓系统竖向不分区，为保证消火栓栓口出水压力不超过0.5MPa，127.20m高程及以下的消火栓采用减压稳压消火栓，减压后栓后压力为0.25～0.35MPa。

(4)单栓的消火栓箱均采用国家标准图集15S202中乙型单栓带灭火器箱组合式消防柜，双栓的消火栓箱采用国家标准图集15S202中乙型双栓带灭火器箱组合式消防柜。栓口距地均为1.1m。

(5)工程中采用的消防给水及消火栓系统的组件和设备等应符合国家现行有关标准和准入制度的产品。

（四）灭火器、防毒面具和砂箱

本厂房按中危险级设计，根据设计需要配置手提式干粉灭火器和灭火器箱，每个消防柜内放置三具MF/ABC4灭火器。

电缆层出入口等处增设防毒面具，在油罐室和油处理室门口增设砂箱。

二、施工说明

（一）管材

室内消防管采用不锈钢管，公称压力p=1.6MPa。明装管采用法兰连接。暗埋管采用氩弧焊接。消火栓采用丝扣连接，预埋进消火栓预留孔洞的消防管要在预埋前做好外丝。

（二）阀门

(1) 消防给水管上采用不锈钢闸阀，公称压力为1.6MPa。阀门应保持常开，并有明显的启闭标志或信号。

(2) 消防水泵的吸水管上应设置明杆闸阀，出水管上应设止回阀、明杆闸阀。

(3) 水箱消防出水管上的止回阀为梭式止回阀。消防水箱的进、出水管应设置带有指示启闭装置的阀门。

(4) 阀门安装时应将手柄留在易于操作处。暗装在吊顶内的管道，凡设阀门处均应设检修门，并做好标记。

(5) 稳压泵吸水管应设置明杆闸阀，稳压泵出水管应设置消声止回阀和明杆闸阀。

（三）管道敷设

(1) 室内管道安装与土建配合施工，管道穿越墙体、楼板、基础等，应预留孔洞或预埋套管；安装在楼板内的套管，其顶部应高出装饰地面20mm；消防给水管穿过墙体或楼板时应加设套管，套管长度不应小于墙体厚度，或应高出楼面或地面50mm；套管与管道的间隙应采用不燃材料填塞，管道的接口不应位于套管内；管道穿越钢筋混凝土墙和楼板、梁时，应根据图中所注管道标高、位置配合土建工种预留孔洞或预埋套管；管道穿越地下室外墙、水池壁时，应预埋防水套管。套管做法详见国家标准图集02S404。消防水泵的吸水管穿越消防水池时，应采用柔性套管；采用刚性防水套管时应在水泵吸水管上设置柔性接头，且管径不应大于DN150。

(2) 管道支架：

1）管道支架或管卡应固定在楼板、柱或承重结构上。

2）水泵出水管上采用减震吊架及支架。

3）安装管道和管道支吊架时应注意在管道与支吊架的接触位置之间设置橡胶垫片。明管的支吊架、托架等应与水机专业的各种管路支架相同，采用新型的组合式成品防腐支架及托架，与其他专业处于同一空间区域的管路，应采用组合式管架，布置要求应整齐美观，牢固而不笨重，方便调整拆装。

4）管道支架和吊架的设置间距不应大于下表的要求：

管径(mm)	25	32	40	50	70	80	100	125	150	200	250	300
间距(m)	3.5	4.0	4.5	5.0	6.0	6.0	6.5	7.0	8.0	9.5	11.0	12.0

(3) 管道连接：

1）消防管与风管或桥架相碰，从上面或下面绕过。

2）法兰类型宜根据连接形式采用平焊法兰、对焊法兰和螺纹法兰等，法兰选择应符合现行国家标准《钢制管法兰》GB 9112～GB 9113、《钢制对焊无缝管件》GB/T 12459和《管法兰用聚四氟乙烯包覆垫片》GB/T 13404的有关规定。

（四）水泵、设备等基础螺栓孔位置，以到货的实际尺寸为准。

（五）管道试压

(1) 消火栓给水管道的试验压力应符合下表的规定：

管材类型	系统工作压力p(MPa)	试验压力(MPa)
不锈钢管	≤1.0	1.5p,且不应小于1.4
	>1.0	p+0.4

水压强度试验的测试点应设在系统管网的最低点。对管网注水时，应将管网内的空气排净，并应缓慢升压，达到试验压力后，稳压30min，管网应无泄漏、无变形，且压力降不应大于0.05MPa。

(2) 钢板水箱满水试验，应按国家标准图集12S101中要求的进行。

(3) 水压试验的试验压力表应位于系统或试验部分的最低部位。

（六）管道冲洗

室内消火栓系统在交付使用前，必须冲洗干净，其冲洗强度应达到消防时的最大设计流量。

（七）其他

(1) 图中尺寸单位以mm计，高程以m计。图中所注标高为绝对标高。

(2) 本图所注管道标高：消防管标高以管中心计。

(3) 本设计说明与图纸具有同等效力，两者有矛盾时，业主及施工单位应及时提出，并以设计单位解释为准。

(4) 管道及设备的预埋，安装需按规范、图集、手册等有关规定执行，并应与土建施工和其他设备工种密切配合，合理安排施工进度，及时预留孔洞及预埋套管，以防碰撞和返工。

(5) 本工程安装按GB 50974—2014的有关规定执行，并应满足国家最新公布的施工验收规范的要求。

(6) 本图未及之处请按国家有关规程规范执行。

(7) 本工程设计采用其他标准图集见下表：

标准图集

序号	标准图编号	标准图名称	页次	备注
1	03S402	室内管道支架及吊架	全册	
2	95SS103	立式水泵隔振及其安装	全册	
3	15S202	室内消火栓安装	全册	
4	04S204	消防专用水泵选用及安装	全册	
5	02S404	防水套管	全册	
6	02S403	钢制管件	全册	
7	01SS105	压力表选型及安装	19～24	
8	01SS105	排气阀	33～36	
9	01SS105	止回阀	25～32	
10	12S101	矩形给水箱	全册	

名称

图例	名称	图例	名称
XDL- 平面 XDL- 系统	主变压器洞消防立管		法兰堵盖
XL- 平面 XL- 系统	主副厂房消防立管		管道弯转
JDL- 平面 JDL- 系统	主变压器洞给水立管		管道丁字上接
JL- 平面 JL- 系统	主副厂房给水立管		管道丁字下接
	闸阀	平面 系统	室内单栓消火栓箱
	截止阀	平面 系统	室内双栓消火栓箱
	止回阀	平面 系统	立式水泵
	电动蝶阀		不锈钢波纹管
	自动排气阀		压力表

附图一 消火栓系统设计说明、图例

0 20 40 60 80 100mm

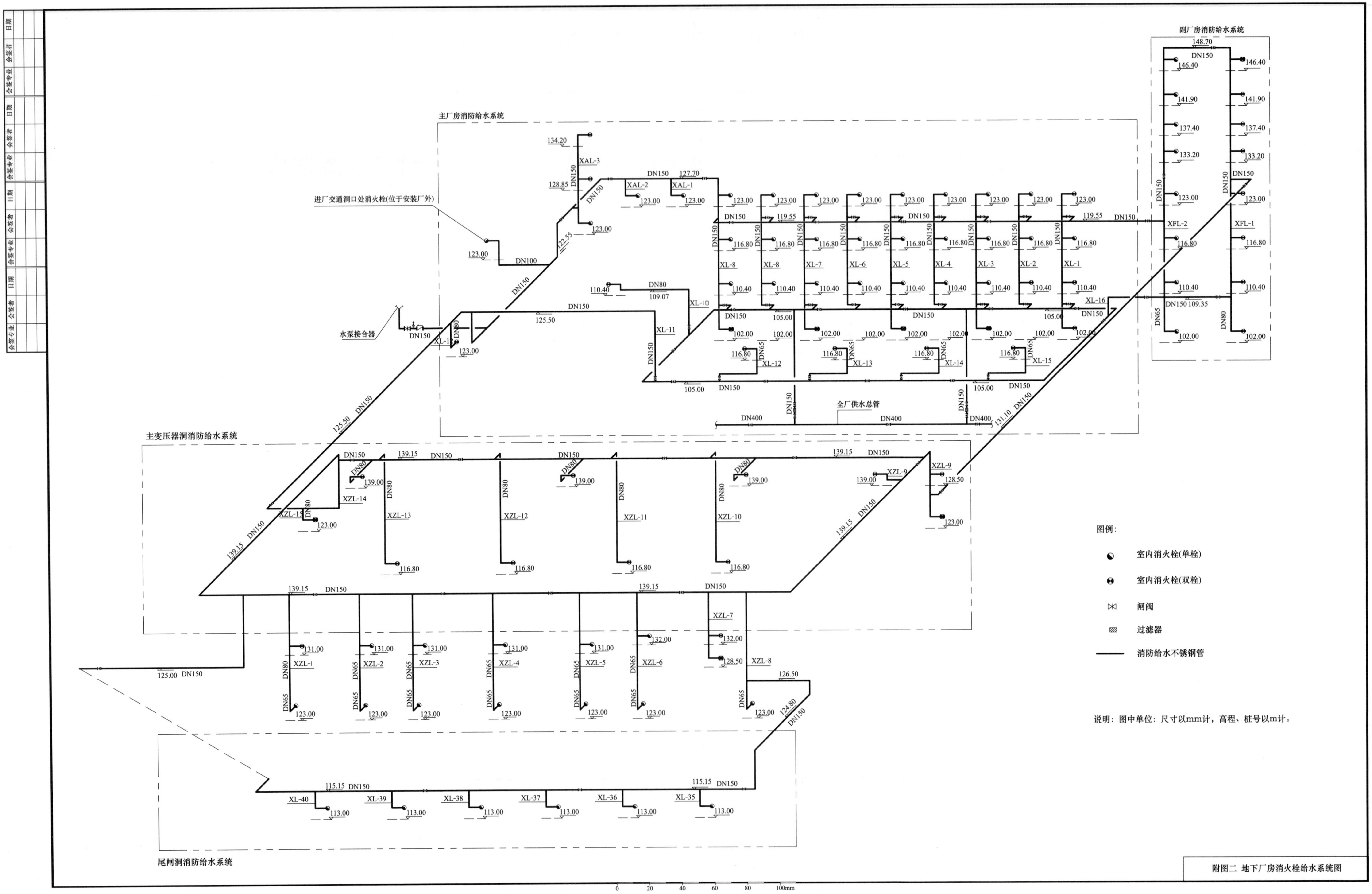

附图二 地下厂房消火栓给水系统图

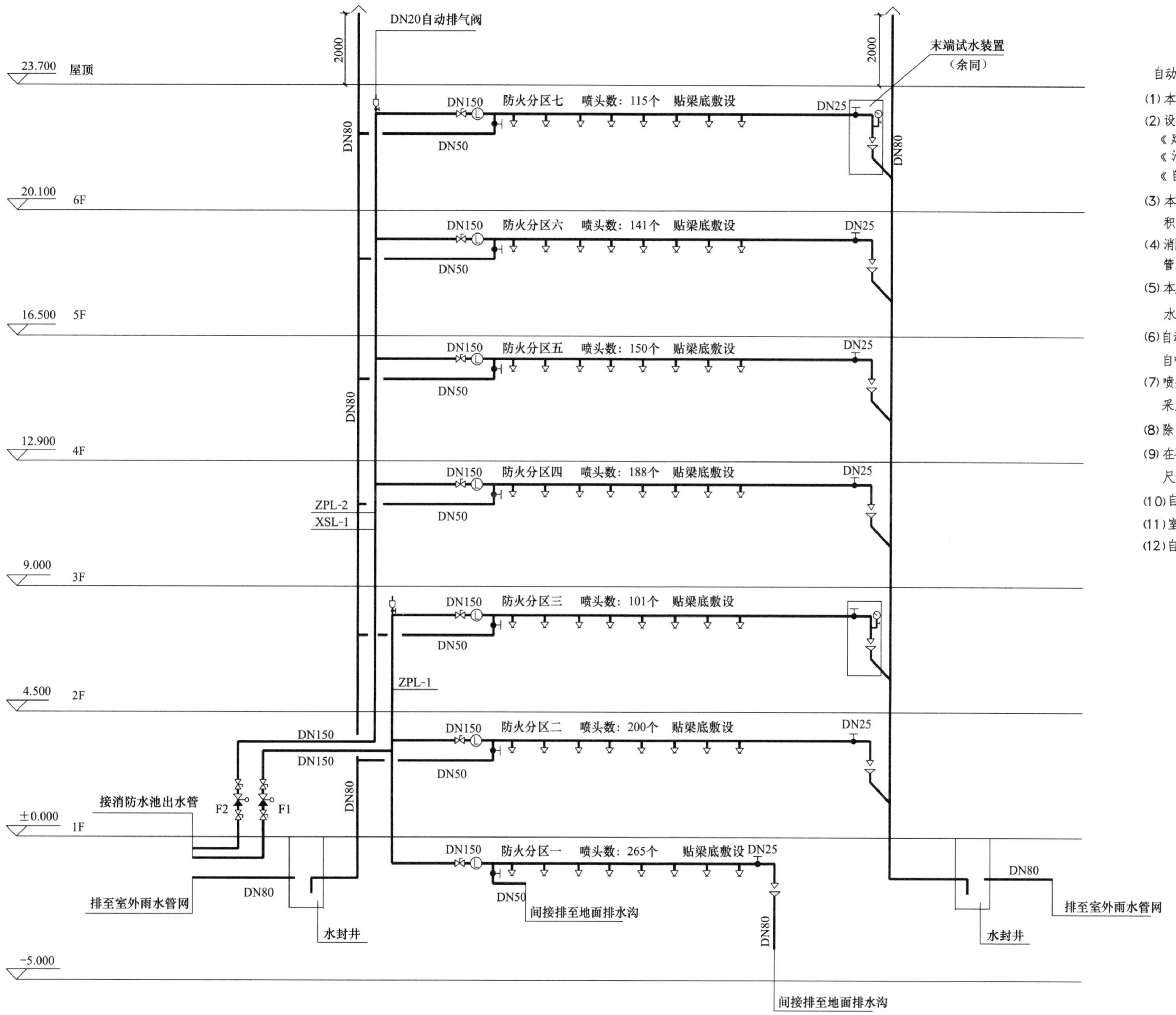

自动喷水系统原理图

自动喷水灭火系统设计说明：

(1) 本设计为XX抽水蓄能电站–综合办公楼自动喷水灭火系统设计。

(2) 设计依据：

《建筑设计防火规范》GB 50016—2014

《消防给水及消火栓系统技术规范》GB 50974—2014

《自动喷水灭火系统设计规范》GB 50084—2001

(3) 本建筑（除配电房、弱电间等不宜用水灭火的部位）设有湿式自动喷水灭火系统，按中危险I级设计，喷水强度为6L/(min·m²)，作用面积为160m²。

(4) 消防水源由设在本地块西南侧、箱底标高365m处的消防水池（有效容积为600m³）供给。拟从消防水池引2根DN250的消防专用给水管至本地块，供自动喷水灭火系统用水。

(5) 本建筑喷淋系统在湿式报警阀间内设置2组湿式报警阀，报警阀控制的喷头数不超过800个。系统组成：各层或各防火分区分别设信号阀、水流指示器、末端试水阀及压力表等，并在每个报警阀控制的最不利喷头处设末端试水装置。

(6) 自动喷水灭火系统竖向不分区，火灾时喷头动作，水流指示器动作向消防中心显示着火区域位置，此时湿式报警阀压力开关动作自动启动自喷系统加压泵，并向消控中心报警。

(7) 喷头的选择：客房内采用68℃边墙型快速响应喷头，喷头流量系数$K=80$；有吊顶部分采用68℃普通吊顶型喷头，$K=80$；无吊顶部分采用68℃直立型喷头，$K=80$。

(8) 除吊顶型喷头及吊顶下安装的喷头外，直立型、下垂型标准喷头，其溅水盘与顶板的距离，不应小于75mm，不应大于150mm。

(9) 在不吊顶的区域，当风管道、桥架等障碍物的宽度大于1.2m时，其下方应增设喷头；当喷头上方有缝隙时应设集热板，集热挡水板的尺寸、做法详见国家标准图集04S206P80。

(10) 自动喷水灭火系统应有备用喷头，数量不少于总数的1%，且每种型号不少于10只。

(11) 室外设有两套地上式水泵接合器，水泵接合器的供水管分别与湿式报警阀前环管相连。

(12) 自动喷水灭火系统给水管道采用内外壁热镀锌钢管，DN≤50mm，丝扣连接；DN>50mm，卡箍连接，管道公称压力为1.0MPa。

附图三 自动喷水系统原理图

日期
会签者
会签专业
日期
会签者
会签专业
日期
会签者
会签专业
日期
会签者
会签专业

0 20 40 60 80 100mm

日期
会签者
会签专业
日期
会签者
会签专业
日期
会签者
会签专业
日期
会签者
会签专业

高压细水雾自动灭火系统设计及施工说明

一、设计依据

《建筑设计防火规范》 GB 50016—2014

《建筑给水排水设计规范》GB 50015—2009

浙江省《细水雾灭火系统设计施工及验收规范》DB33 1010—2002

美国消防协会《细水雾灭火系统标准》NFPA750

《工业金属管道施工及验收规范》GB 50235

微水雾滴灭火设备技术认证技术规范 CNCA/CTS 0013—2010

经国家固定灭火系统和耐火构件质量监督检验中心检测的型式检验报告

XX消防工程有限公司提供的设计图纸和产品样本

二、系统设计概述

本设计项目为XX抽水蓄能电站工程GIS室电缆层高压细水雾自动灭火系统，保护总面积约为462m²,属于电气类火灾。根据保护对象及火灾特点，该项目采用开式高压细水雾自动灭火系统，防护区的设计参数详见下表。

序号	防护区名称	面积	保护对象	喷头*K*值	最低工作压力	喷头数量	阀组规格	阀组数量	保护类型	喷雾强度	喷雾时间
1	GIS室电缆层	462m²	工作层	1.00	10MPa	61	DN50	1	全淹没	1.3L/(min·m²)	30min

三、系统组成

本项目采用高压细水雾自动灭火系统；系统主要由高压细水雾供水装置（含高压柱塞泵、稳压泵、控制柜等）、区域控制阀组、细水雾喷头、储水水箱、连接管件及报警系统组成。

1. 设计参数

（1）系统选择：开式系统。

（2）开式系统响应时间不大于30s。

（3）系统持续喷雾时间为30min。

（4）开式系统流量按照防护区内同时动作喷头数的流量之和进行计算。

（5）最不利点喷头工作压力不低于10MPa。

2. 主要设备选型

（1）喷头选型：

流量系数K=1.0，最低工作压力：10MPa，流量：10.0L/min；

喷头布置均为最大间距：3.0mX3.0m，距墙间距不大于1.5m。

（2）泵组选型：

开式系统流量按照防护区内同时动作喷头数的流量进行计算。同时开启61个喷头流量之和进行计算，经计算q=610L/min。采用XSWB-612/13型号供水装置（四用一备），5台高压柱塞泵，单泵流量为153L/min，压力为13MPa，功率为37kW；稳压泵2台（一用一备），流量为30L/min，扬程为128m，功率为1.5kW。供水装置尺寸为2700mmX2000mmX1700mm。

（3）系统给水：

据设计流量q=610L/min、系统持续喷雾时间30min计算，需要用水18.3t，设一套24m³不锈钢水箱，外形尺寸为3000mmX4000mmX2000mm。系统的水质不应低于现行国家标准《生活饮用水卫生标准》GB 5749的规定。

四、系统工作原理及控制方式

1、开式系统

(1) 自动控制：

细水雾灭火控制盘接收到灭火分区内一路探测器报警后，联动开启灭火分区内侧的消防警铃；接收到同一灭火分区内第二路探测器报警确认火灾后，联动开启灭火分区外侧的声光报警器，并打开对应灭火分区的控制阀组，同时给细水雾泵组控制柜提供启泵信号，启动主泵，压力水经过高压细水雾喷头喷放灭火。细水雾泵组控制柜及控制阀组反馈相关信号至细水雾灭火控制盘，细水雾灭火控制盘联动开启喷洒指示灯。

(2) 手动控制：

当现场人员确认火灾且自动控制还未动作时，可按下现地手动启动按钮，启动系统，喷放细水雾灭火。

(3) 机械应急操作：

当自动控制与手动控制失效时，手动按下控制阀组上的绿色开启按钮或通过手柄打开电动球阀，开启后通知泵房人员手动按下泵组控制柜上的启泵按钮，启动主泵，启动系统喷放细水雾灭火。

五、施工说明

(1) 图注尺寸：标高以m计，标高以首层地坪为0.00m计。尺寸除注明外均以mm计。

(2) 管材：水箱出口之后管材采用满足系统工作压力要求的不锈钢无缝钢管316L，管道推荐采用氩弧焊焊接。

(3) 穿墙及过楼板的管道必须加套管，管道焊缝处不得置于套管内。管道与套管的空隙应用不燃材料填塞密实。细水雾管道过伸缩缝、沉降缝处需加补偿装置。

(4) 高压细水雾供水装置安装时，应严格按照设备使用说明书进行。控制盘的电气线路接口应采取有效防水措施，防止控制盘受潮。泵组的纵横向中心线与基础上划定的纵横向中心线基本吻合。在泵组就位时，应与泵组相关工种联系配合，正确安装泵组的方向。

(5) 区域控制阀组安装在防护区域外,正面朝便于操作面一侧，操作方向距离不小于0.8m，安装高度不小于1.0m,箱体外形尺寸为550mmX280mmX1100mm（长X厚X高），进出水口的连接管道必须在区域阀箱定位后进行安装。安装环境温度为4~50℃，其空气湿度不得超过90%。安装管道前，必须彻底用高压喷射冲洗管道，以去除泥土、铁屑、细小微粒等杂质。

(6) 喷头安装时应使用专用的喷头工具。安装前应逐个核对其型号、规格，并应符合设计要求。

(7) 管道支吊架应满足强度要求，管道与支吊架之间采用橡胶垫或石棉垫绝缘，管道最大支吊架安装间距参考下表，并可根据实际情况进行适当调整，详见下表：

管道外径(mm)	≤16	20	24	28	32	40	48	60	≥76
最大安装间距(m)	1.5	1.8	2.0	2.2	2.5	2.8	2.8	3.2	3.8

(8) 安装中如遇电气、水机、暖通的管路、设备时应合理避让.

(9) 试压：细水雾管道安装完毕后要进行水压试验，水压试验压力为系统设计工作压力的1.5倍，保压时间为2h,管道无损坏、变形，以压力不降、无渗漏、目测管道无变形为合格。

(10) 水压试验完毕后，应进行吹扫。吹扫管道可采用压缩空气或氮气。吹扫压力不应大于管道的设计压力，流速不宜小于20m/s。

(11) 本工程过滤器最大过滤尺寸小于最小喷头流水通径的80%，过滤器的过水流量应满足系统设计流量要求。

(12) 其他按国家和地方现行标准、规范进行施工安装。

六、其他

(1) 细水雾保护区域内的火灾自动报警系统及与细水雾自动灭火系统的联动控制部分由设计院的相关专业统一设计。

(2) 细水雾管网及喷头位置可以根据现场情况进行适当调整，并应满足规范要求。

(3) 细水雾给水管道的位置及标高可根据具体情况进行调整和确定，如管道安装在室外需加保温。

(4) 区域阀箱设置在室外时应有防护及保温措施。

(5) 其余未及详尽之处，请严格按相关规范执行。

七、设备、管路安装详见XX消防工程有限公司提供的安装图。

八、使用事项:参照XX消防工程有限公司的使用说明书进行使用操作。

九、本套图中所示设备、管路的型号及数量仅供参考，最终以XX消防工程有限公司提供的图纸为准。

十、图例

序号	名称	图例	序号	名称	图例
1	开式喷头		5	区域控制阀组	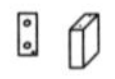
2	闭式喷头	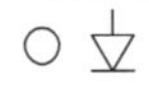	6	末端放水阀	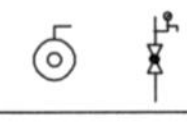
3	不锈钢闸阀		7	排气阀	
4	Y型过滤器		8	不锈钢球阀	

附图四 高压细水雾自动灭火系统设计及施工说明

0 20 40 60 80 100mm

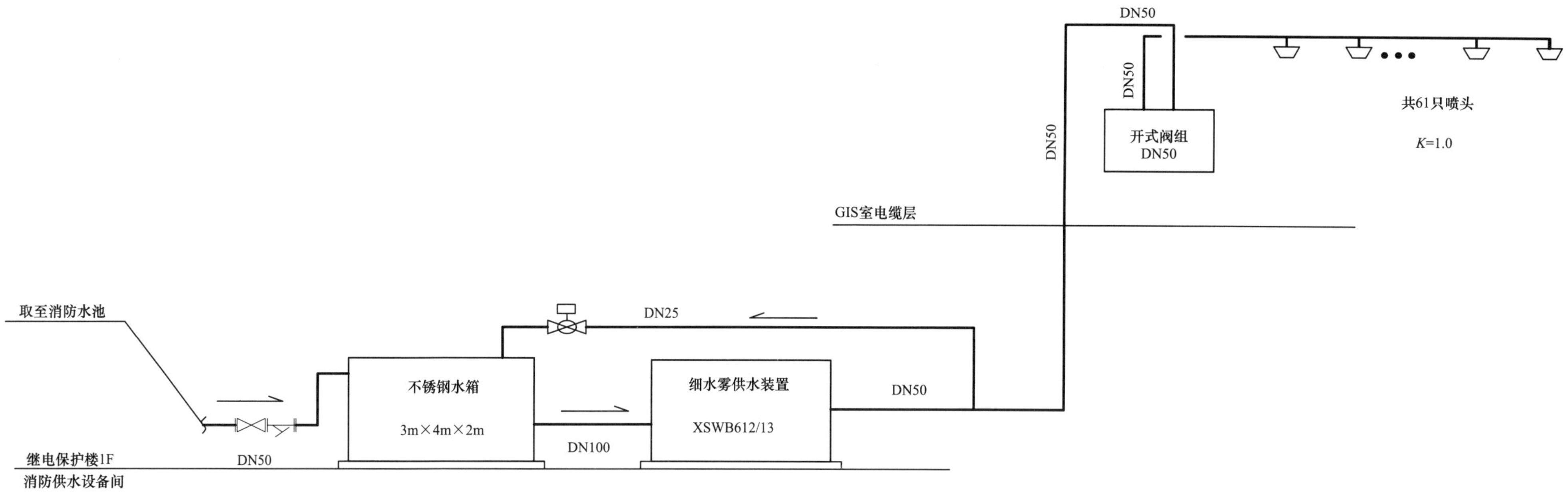

高压细水雾自动灭火系统原理图

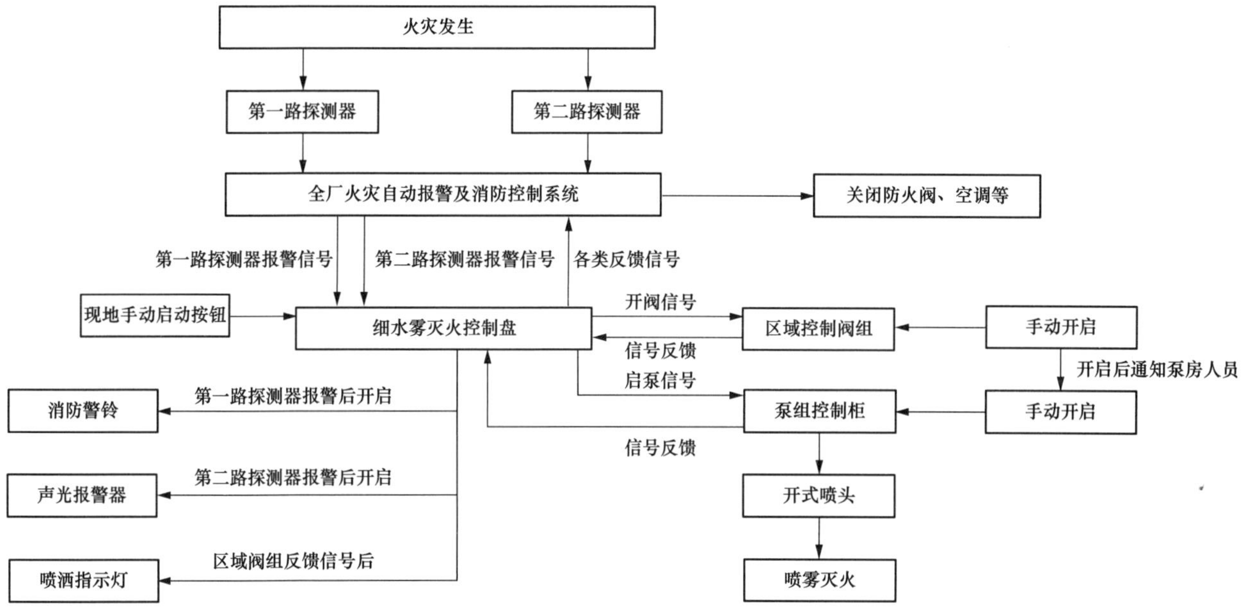

高压细水雾自动灭火系统动作程序图

附图五 高压细水雾灭火系统原理图，高压细水雾灭火系统动作程序图

IG541气体自动灭火系统设计说明（一）

一、设计范围

XX抽水蓄能电站工程中控楼IG541气体自动灭火系统设计。

二、设计条件

1. 保护区的有关参数：见附表。

2. 采用一套系统进行保护，共5个防护区域。

3. 保护区为独立封闭区间。

4. 混合气体（IG541）灭火系统瓶站设置在保护区附近的钢瓶间内。

三、设计

1. 设计依据

(1)《中华人民共和国消防法》（2009年5月1日）。

(2)《建筑设计防火规范》 GB 50016—2014。

(3)《气体灭火系统及部件》GB 25972—2010。

(4)《气体灭火系统设计规范》GB 50370—2005。

(5)《气体灭火系统施工及验收规范》GB 50263—2007。

(6)《工业金属管道工程施工及验收规范》GB 50235—1997。

(7)《火灾自动报警系统设计规范》GB 50116—2013。

(8)《消防联动控制系统》GB 16806—2006。

(9)《气体消防系统选用、安装与建筑灭火器配置》07S207。

(10) XX消防工程有限公司提供的设计图纸和产品样本。

2. 防护区的设置和系统要求

(1) 瓶组间的防护区内温度应为0～50℃；防护区的最低温度不应低于−10℃。

(2) 防护区灭火时应保持封闭条件，除泄压口以外的开口，防火阀等开口在喷放灭火剂前应做到自动关闭。

(3) 防护区的围护结构及门窗的耐火极限不应低于0.5h，围护结构及门窗的允许压强不宜小于1200Pa。

(4) 防护区的门应向疏散方向开启，并能自行关闭。

(5) 防护区应有足够的疏散通道和出口，保证人员在30s内撤出防护区。

(6) 灭火系统瓶站，设置在防护区附近专用独立的房间内，耐火等级不低于二级，室温为0～50℃，并保持干燥通风；出口应直接通向室外或疏散通道，灭火剂储瓶避免阳光照射，并设置应急照明。

(7) 对每个防护区入口处或其附近应设置紧急启动和紧急停止按钮盒，在防护区内设置声光报警装置，在防护区外设置喷射警示装置。

(8) 管网式气体自动灭火系统的控制方式有自动控制、电气手动控制和机械应急手动操作三种。

1) 自动控制。将气体灭火控制盘上控制方式选择键拨到"自动"位置上，灭火系统处于自动控制，即发出声、光报警信号；同时，发出联动指令，关闭联锁设备，经过一段延时时间，发出灭火指令，打开电磁阀释放启动气体，启动气体通过启动管道打开相应的选择阀和瓶头阀，释放灭火剂，实施灭火。

2) 电气手动控制。将气体灭火控制盘上控制方式选择键拨到"手动"位置时，灭火系统处于手动控制状态。当保护区发生火情，可按下手动控制盒或控制盘上启动按钮即可按规定程序启动灭火系统释放灭火剂，实施灭火。在自动控制状态，仍可实现电气手动控制。

3) 机械应急手动操作。当保护区发生火情，控制盘不能发出灭火指令时应通知有关人员撤离现场，关闭联动设备，然后拔出相应启动瓶组启动阀上的手动保险夹卡片，压下手柄即可打开启动阀，释放启动气体，即可打开选择阀、瓶头阀、释放灭火剂，实施灭火。如此时遇上启动阀维修或启动钢瓶中启动气体压力不够不能工作时，这时应首先打开相对应灭火区域的选择阀手柄，敞开压臂，打开选择阀，然后打开该区域瓶头阀上的手动手柄开启瓶头阀，释放灭火剂，实施灭火。

4) 当发出火灾警报，在延时时间内发现有异常情况，不需启动灭火系统进行灭火时，可按下手动控制盒或气体灭火控制盘上的紧急停止按钮，即可阻止控制器灭火指令的发出。

自动、手动控制方式的转换，在气体灭火控制盘上实现（在保护区的门外设置手动控制盒，手动控制盒内设有紧急停止与紧急启动按钮）。

(9) 气体灭火控制盘应在收到电站火灾自动报警及消防控制系统发出的两个独立的联动信号后才能启动。气体灭火控制盘应有30s可调延时功能。

四、施工安装要求

(1) 施工安装必须严格执行国家有关气体灭火系统施工安装标准及规范GB 50263—2007和GB 50235—1997等有关规定。

(2) 所有的气体管材不低于GB/T 8163的要求。管道采用不锈钢高压无缝钢管，公称直径小于或等于80mm时，宜采用螺纹连接；公称直径大于80mm时，宜采用法兰连接。

(3) 灭火剂输送管道应设固定支架固定，并符合以下规定：

管道支吊架的最大间距

管道公称直径(mm)	15	20	25	32	40	50	65	80	100	125	150
最大间距(mm)	1.5	1.8	2.1	2.4	2.7	3.0	3.4	3.7	4.3	5.0	5.2

(4) 管道末端喷嘴处采用支架固定，支架与喷嘴间的管道长度不应大于500mm。

(5) 公称直径大于或等于50mm的管道，垂直方向和水平方向至少应各设置一个防晃支架。当穿过建筑物楼层时，每层设置一个防晃支架。当水平管道改变方向时，应设置防晃支架。

(6) 所有管件必须选择锻压制管件，法兰形式为凹凸面，垫片形式为不锈钢缠绕垫片或金属垫片。

(7) 灭火剂管道穿墙时，必须按标准加装穿墙套管并使用防火封堵。穿变形缝、沉降缝时，使用可靠的防沉降、变形措施。

(8) 管网的设计和安装应为均衡布置；系统中的管网分流，不能采用四通接头，采用三通管件分流时，分流出口应水平布置。

(9) 管道施工必须严格按照设计图纸中的走向、标高要求，任何改动需要得到设计人员的认可。管道局部调整较大时也需设计重新校核的要求。

(10) 分布管系的水平方向敷设坡度为顺向1%～3%。

(11) 本工程安装按GB 50263—2007的有关规定执行，并应满足国家最新公布的施工验收规范的要求。

(12) 安装中如遇电气、水机、暖通的管路、设备时应合理避让。

五、标志

在保护区附近，应设置警告牌，警告牌上应有"在报警时或释放灭火剂时，应立即撤离该地区""在彻底通风前，请不要进入该地区"等字样。

六、使用事项

参照XX消防工程有限公司的使用说明书进行使用操作。

七、设计接口

(1) 各防护区探测系统由设计院统一布设，由电站火灾自动报警及消防控制系统输出2个独立的联动信号（无源开关量触点信号）至气体灭火控制盘，该电缆敷设由设计院完成。

(2) 气体灭火控制盘应向电站火灾自动报警及消防控制系统反馈如下信号：

1) 灭火系统自动工作状态；

2) 灭火系统手动工作状态；

3) 系统启动反馈信号；

4) 系统停止反馈信号；

5) 系统释放信号；

6) 系统故障信号。

以上信号均为无源开关量触点信号，电缆敷设由设计院完成。

(3) 电站给气体灭火控制盘提供一路交流220V保安电源，电缆敷设由设计院完成。

(4) 除以上三点以外，系统内的电缆敷设、电缆管布置、控制关系（控制柜）均由厂家完成。

八、 本套图中所示设备、管路的型号及数量仅供参考，最终以XX消防工程有限公司提供的图纸为准。

附图六 IG541气体自动灭火系统设计说明(一)

日期 | 会签者 | 会签专业 | 日期 | 会签者 | 会签专业 | 日期 | 会签者 | 会签专业 | 日期 | 会签者 | 会签专业

0 20 40 60 80 100mm

日期
会签者
会签专业
日期
会签者
会签专业
日期
会签者
会签专业
日期
会签者
会签专业

IG541气体自动灭火系统设计说明(二)

九、设计计算参数表

中控楼灭火系统												
系统名称	防护区名称	防护区面积(m^2)	防护区层高(m)	防护区体积(m^3)	设计浓度	喷射时间(s)	浸渍时间(min)	设计用量(kg)	储瓶数量(80L)	主管径	喷头数量(个)	泄压面积(m^2)
中控楼	中控室	90.00	7.2	580.00	37.5%	60	10	388.47	24	DN80	12	0.216
	应急指挥中心	63.70	7.2	458.64	37.5%	60	10	320.91	19	DN65	6	0.170
	计算机室	42.80	7.2	308.16	37.5%	60	10	219.57	13	DN50	3	0.116
	控制设备室	42.00	7.2	302.40	37.5%	60	10	202.68	12	DN50	3	0.107
	通信设备室	49.40	7.2	355.68	37.5%	60	10	253.35	15	DN65	6	0.134

十、其他附表

管道规格

管道公称直径(mm)	集流管管道		气体输送管道	
	外径(mm)	壁厚(mm)	外径(mm)	壁厚(mm)
15	22	4.5	22	4.0
20	27	4.5	27	4.0
25	34	5.5	34	4.5
32	42	5.5	42	5.0
40	48	5.5	48	5.0
50	60	6.0	60	5.5
65	76	7.0	76	7.0
80	89	9.0	89	7.5
100	114	11.0	114	8.5

气体灭火系统设备材料明细表

钢瓶间设备材料表					
序号	部件名称	部件型号	单位	数量	备注
1	IG541灭火剂储瓶	QMH15/80	瓶组	24	每套包括：灭火剂钢瓶一个、瓶头阀组一套、压力表一只、虹吸管
2	启动装置	4L	套	5	
3	高压金属软管	ZT7F-20L	根	24	
4	压力信号器	ZTF-4	只	5	
5	安全阀	ZTA-6	只	1	
6	灭火剂主单向阀	ZT7F-20E	只	24	
7	选择阀	ZTX-65	只	2	
8	选择阀	ZTX-50	只	2	
9	选择阀	ZTX-80	只	1	
10	气体单向阀	ZTD-4	只	9	
11	低泄高阻阀		只	6	其中一个在集流管上
12	集流管	DN80	阀组	29	
13	瓶组架		瓶组	29	
14	HFC-227ea喷嘴	DN20	只	20	
15	HFC-227ea喷嘴	DN40	只	10	
16	控制气路部件		瓶组	28	
17	气控管路	$\phi 8\times 1mm$	m	56	
18	泄压装置(机械式)	600*450	台	2	
19	泄压装置(机械式)	600*400	台	1	
20	泄压装置(机械式)	500*400	台	2	

十一、自动灭火系统动作原理图

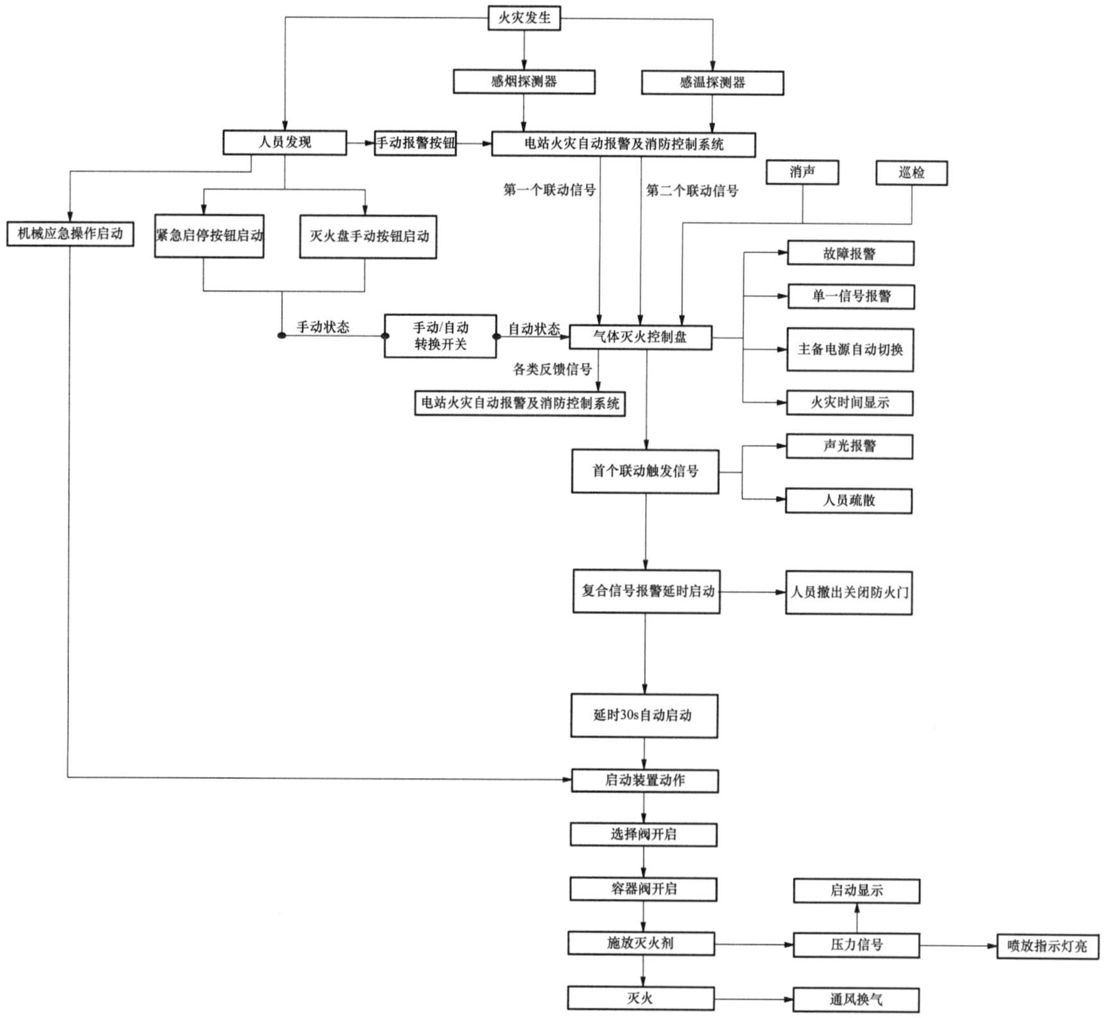

附图七 IG541气体自动灭火系统设计说明(二)

0 20 40 60 80 100mm

日期	会签者	会签专业	日期	会签者	会签专业	日期	会签者	会签专业	日期	会签者	会签专业

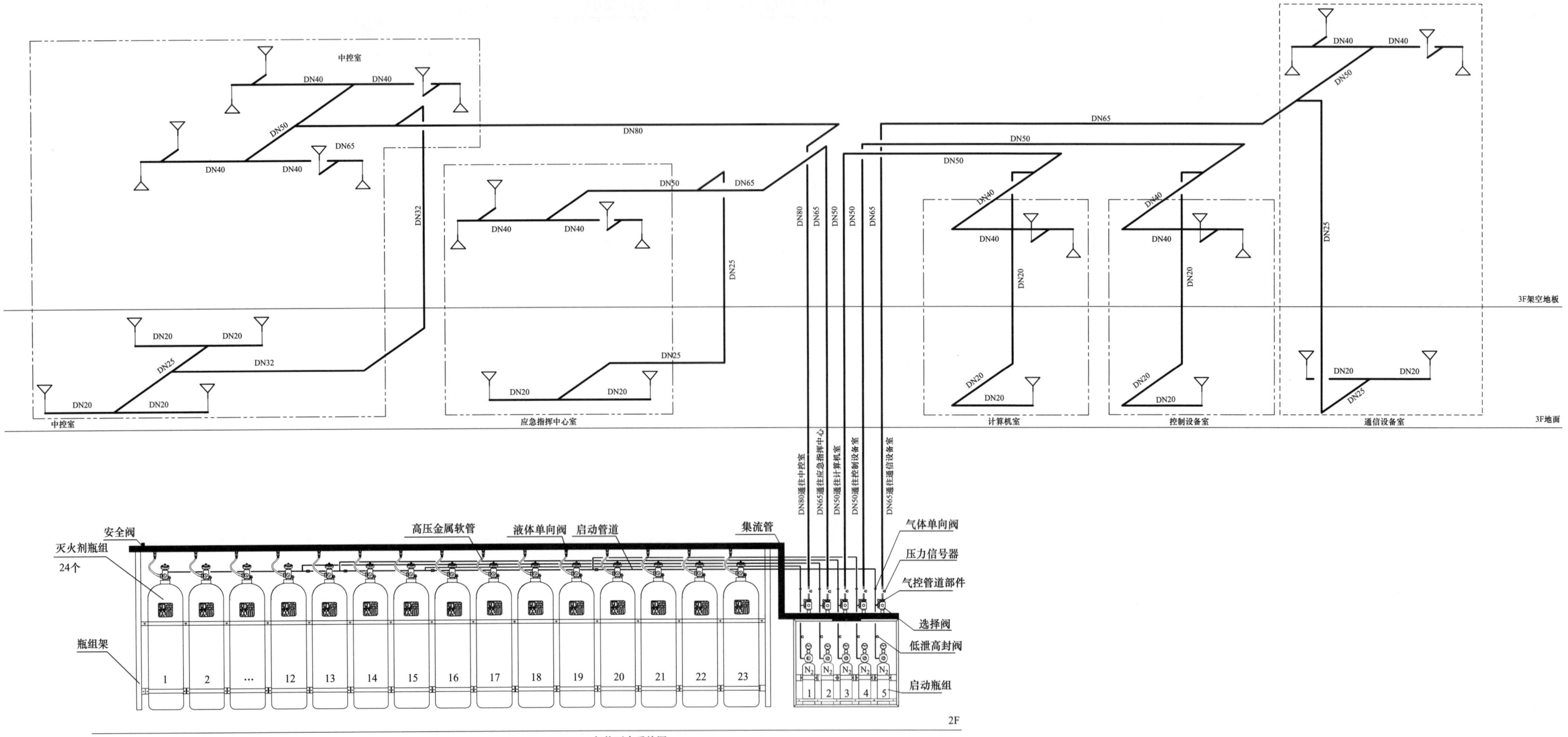

气体灭火系统图

注：1.系统管道顺梁贴墙安装，保证安装牢固美观。
2.现场安装时，若遇干涉，管道可略加调整。

附图八 气体灭火系统图

0 20 40 60 80 100mm

会签专业	
会签者	
日期	
会签专业	
会签者	
日期	

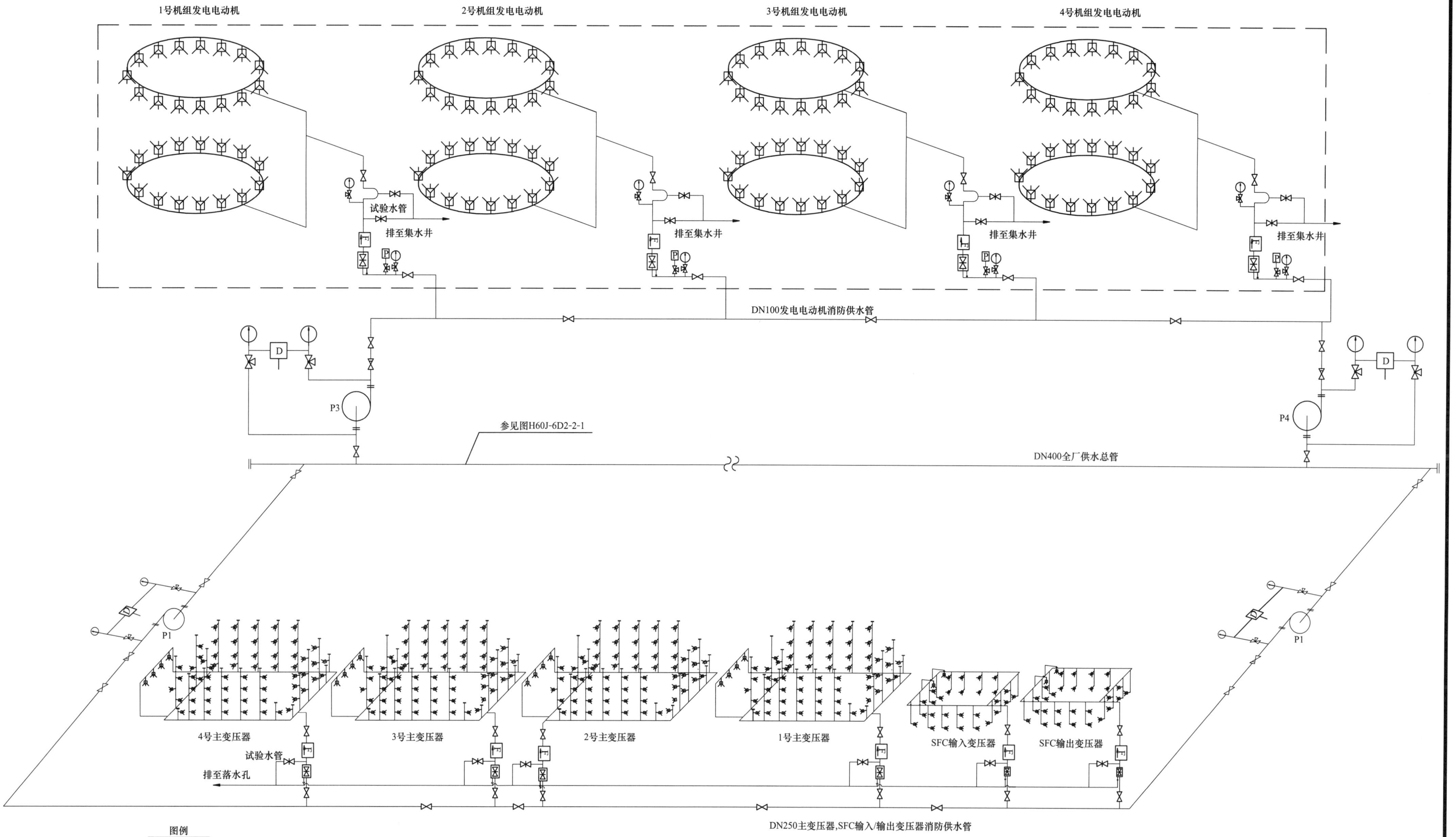

图例

符号	名称	符号	名称
	常开手动阀		压力表
	常闭手动阀		雨淋阀
	仪表三通旋塞		水雾喷头
	止回阀		水泵
	压力开关		差压传感器
	示流信号器		

主要设备表

序号	设备名称	数量	规格	备注
1	加压泵	2	Q= h, H= N=	(P1、P2)一台工作一台备用
2	加压泵	2	Q= h, H= N=	(P3、P4)一台工作一台备用

说明:

1.图中虚线框内设备和管路附件由机组设备采购标承包人设计、供货。

2.图中环管及喷头的布置仅为示意。

3.发电电动机水喷雾压力不小于0.35MPa，变压器水喷雾压力不小于0.5MPa。

4.本图仅示意装机4台的电站且需水泵加压供水的机电设备水喷雾灭火系统图,若电站装机不是4台或无需水泵加压供水则需相应修改图纸。

5.SFC输入/输出变压器若采用干式变压器则取消水喷雾灭火系统。

附图九 机电设备水喷雾灭火系统图

0 20 40 60 80 100mm

日期	会签者	会签专业	日期	会签者	会签专业	日期	会签者	会签专业

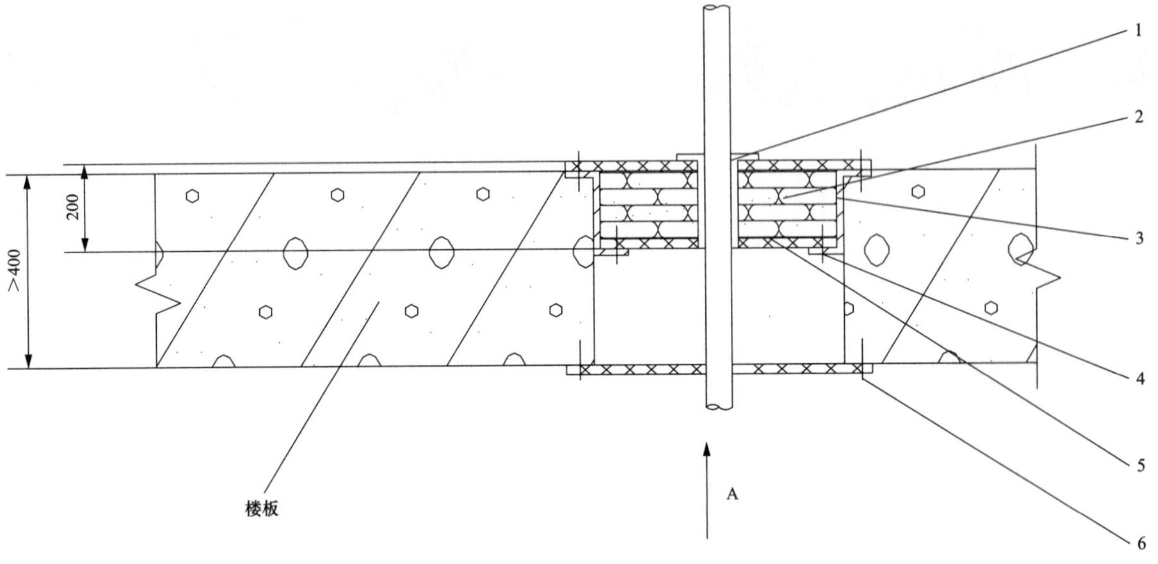

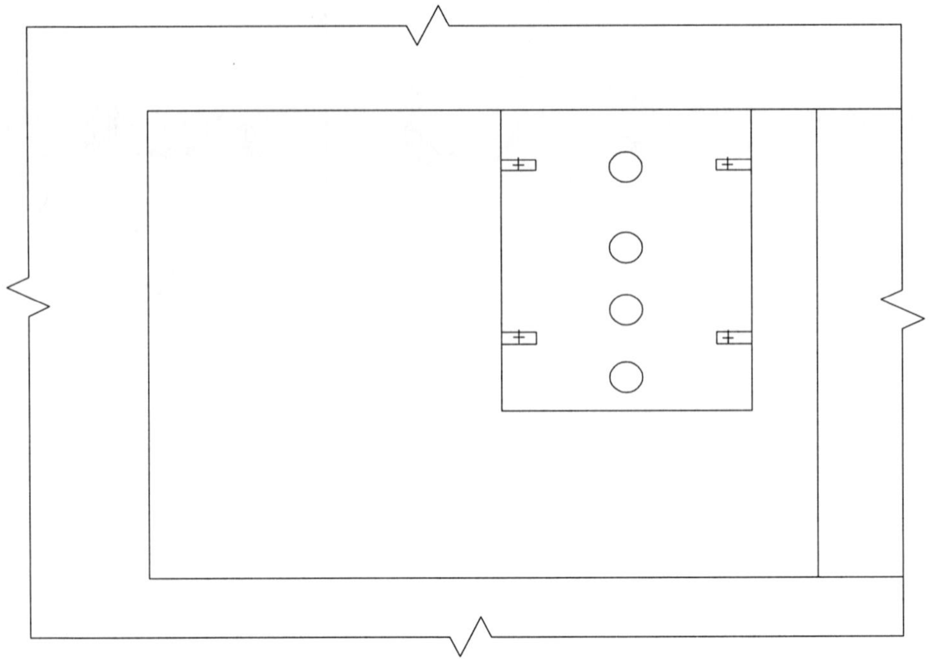

A向

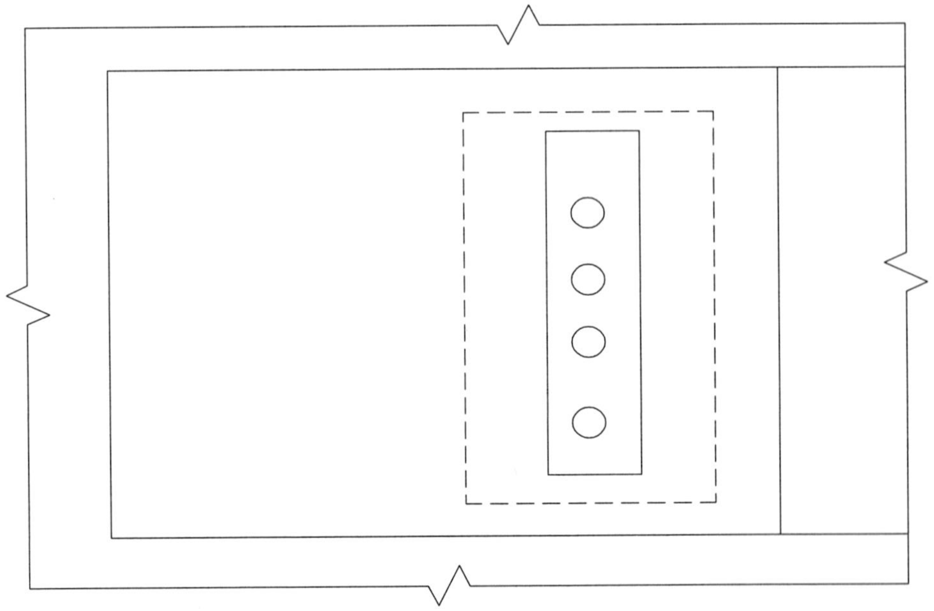

说明：适用于楼板厚度大于400mm且电缆未全部敷设完毕的部位。

设备材料表

编号	名称	规格	单位	备注
6	金属膨胀螺栓	M10×85	套	配螺母、垫片
5	耐火隔板		m^2	角铝封边
4	六角螺栓	M6×40	套	配螺母、垫片
3	镀锌扁钢	-50×6	kg	
2	阻火包		m^3	
1	防火堵料	有机	kg	

附图十　电缆穿楼板孔洞封堵示意图(一)

日期	会签者	会签专业	日期	会签者	会签专业	日期	会签者	会签专业	日期	会签者	会签专业

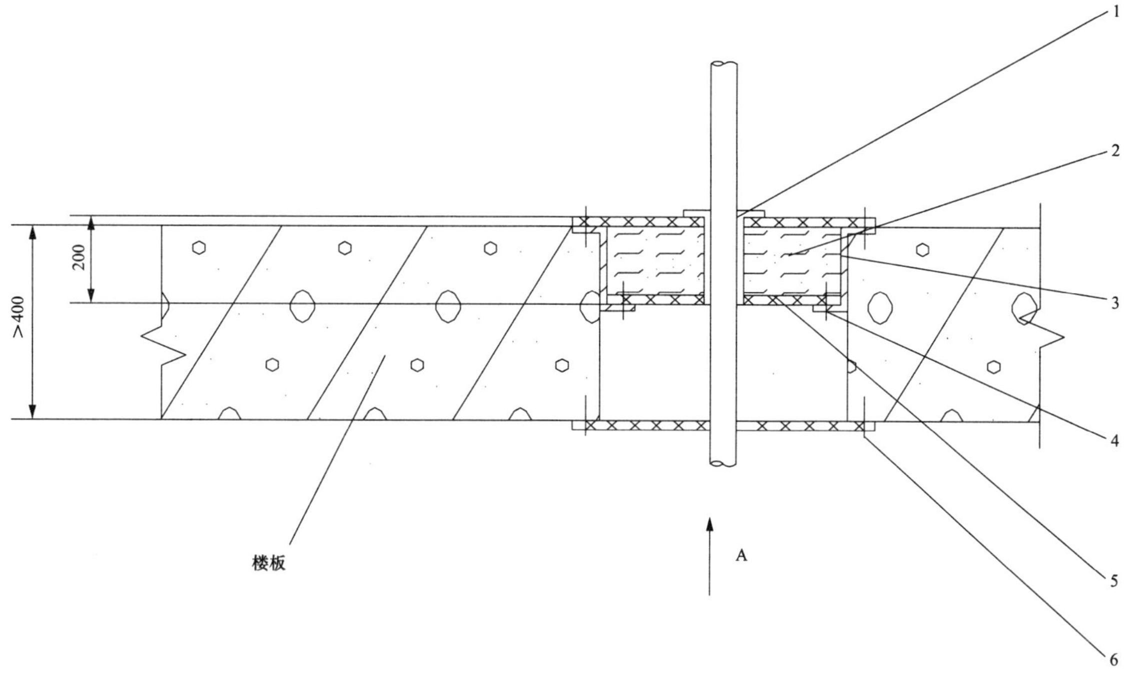

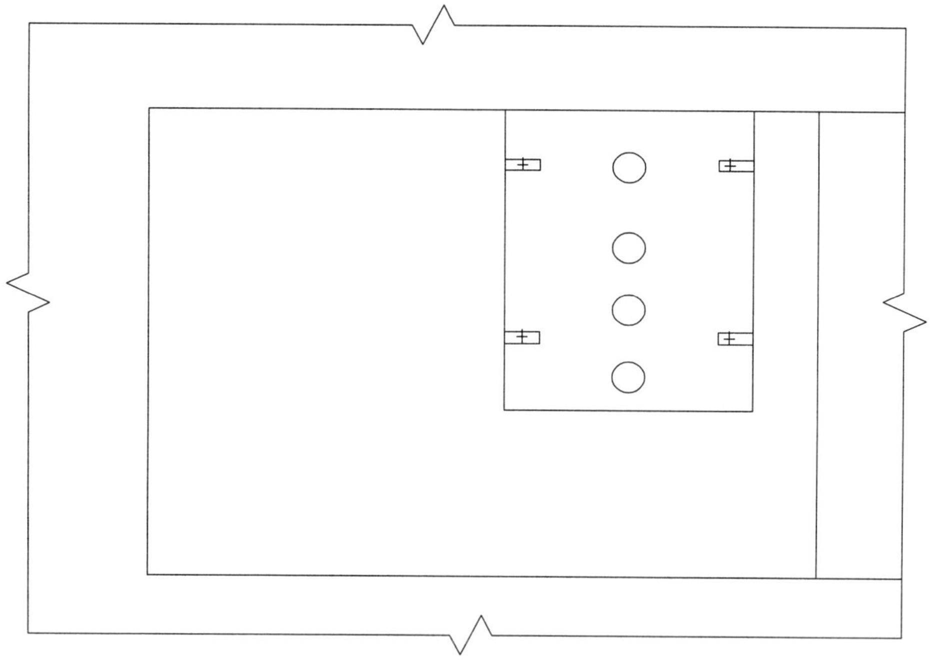

A向

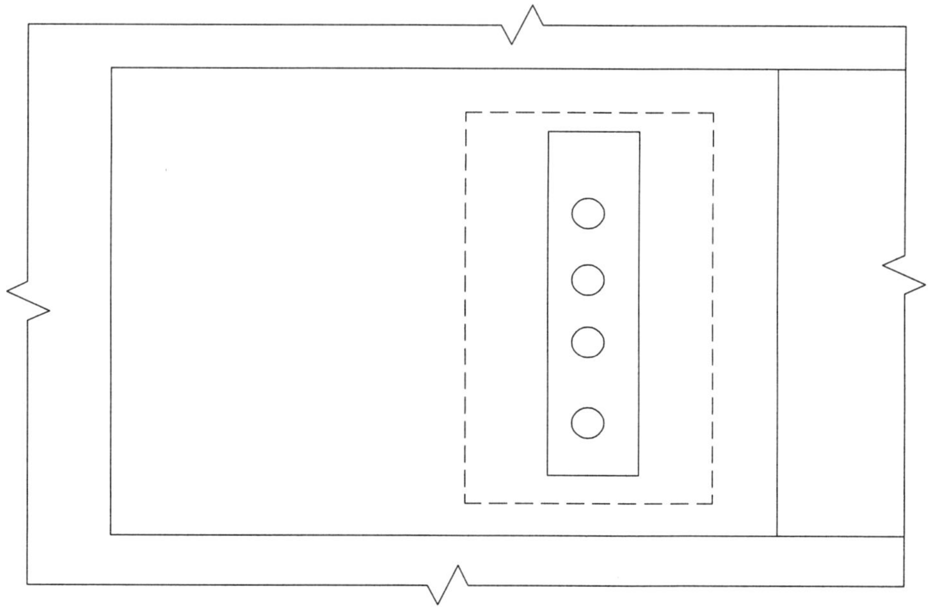

说明：适用于楼板厚度大于400mm且电缆已全部敷设完毕的部位。

6	金属膨胀螺栓	M10×85	套	配螺母、垫片
5	耐火隔板		m^2	角铝封边
4	六角螺栓	M6×40	套	配螺母、垫片
3	镀锌扁钢	-50×6	kg	
2	防火堵料	无机	kg	
1	防火堵料	有机	kg	
编号	名称	规格	单位	备注

设备材料表

附图十一　电缆穿楼板孔洞封堵示意图(二)

日期	会签者	会签专业	日期	会签者	会签专业	日期	会签者	会签专业	日期	会签者	会签专业

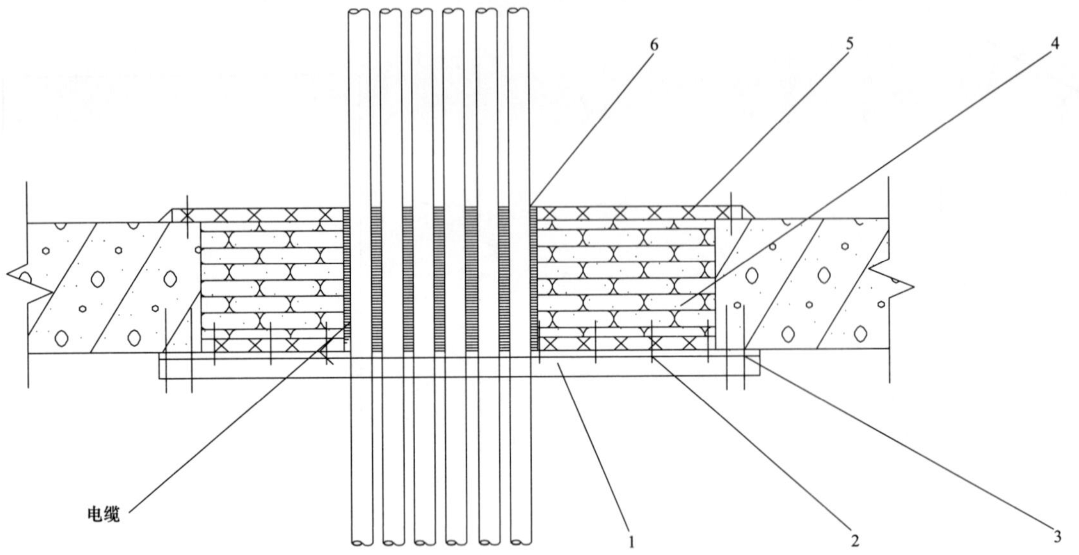

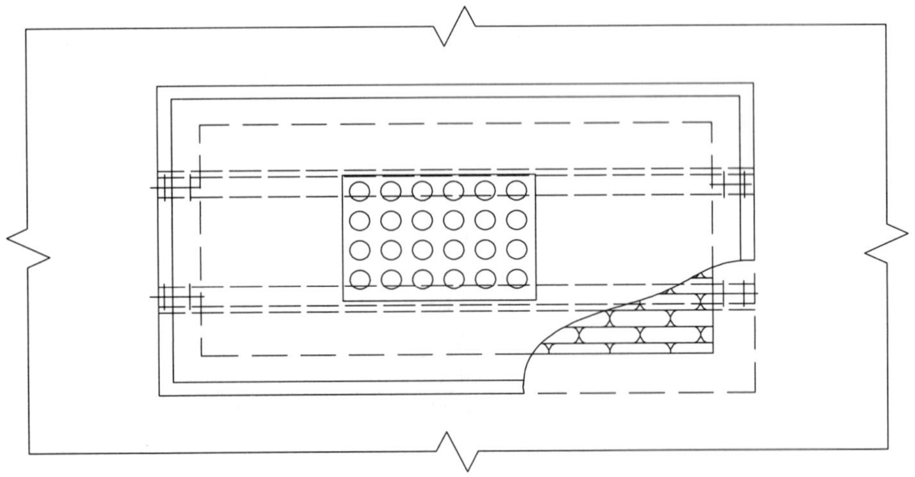

说明：

1.适用于楼板厚度不大于400mm的孔洞。

2.孔洞面积不大于0.2m²，可以取消角钢。底部耐火隔板加大固定在楼板上。

6	防火堵料	有机	kg	
5	耐火隔板		m^2	角铝封边
4	阻火包		m^3	
3	金属膨胀螺栓	M10×85	套	配螺母、垫片
2	六角螺栓	M6×40	套	配螺母、垫片
1	镀锌角钢	L50×5	kg	
编号	名称	规格	单位	备注

设备材料表

附图十二　电缆穿楼板孔洞封堵示意图(三)

日期			
会签者			
会签专业			
日期			
会签者			
会签专业			
日期			
会签者			
会签专业			
日期			
会签者			
会签专业			

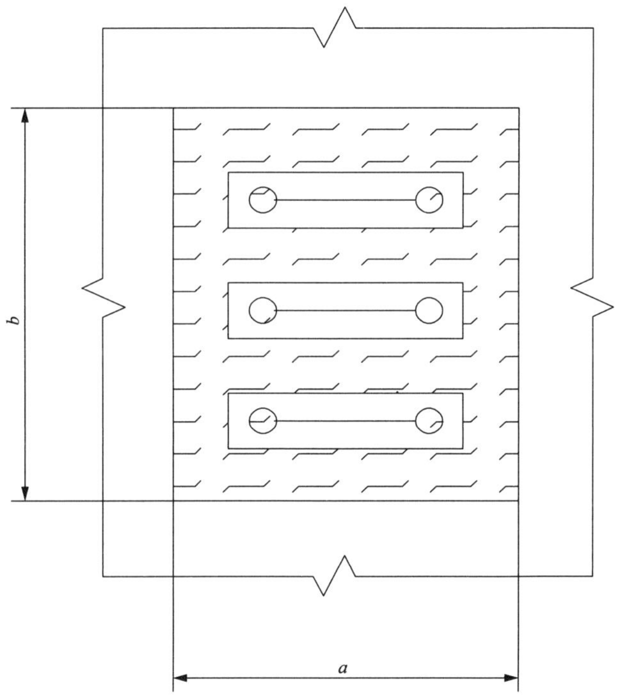

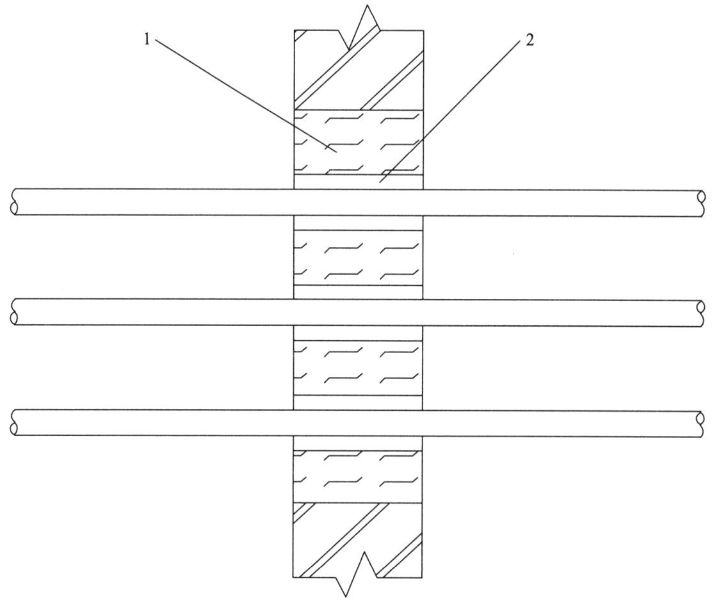

2	防火堵料	有机	kg	
1	防火堵料	无机	kg	
编号	名称	规格	单位	备注
设备材料表				

说明：适用较小穿墙孔洞 。为了美观在孔洞较大部位无电缆处加装耐火隔板，耐火隔板采用角铝封边固定。

附图十三　电缆穿墙孔洞封堵示意图(一)

日期	会签者	会签专业
日期	会签者	会签专业
日期	会签者	会签专业
日期	会签者	会签专业

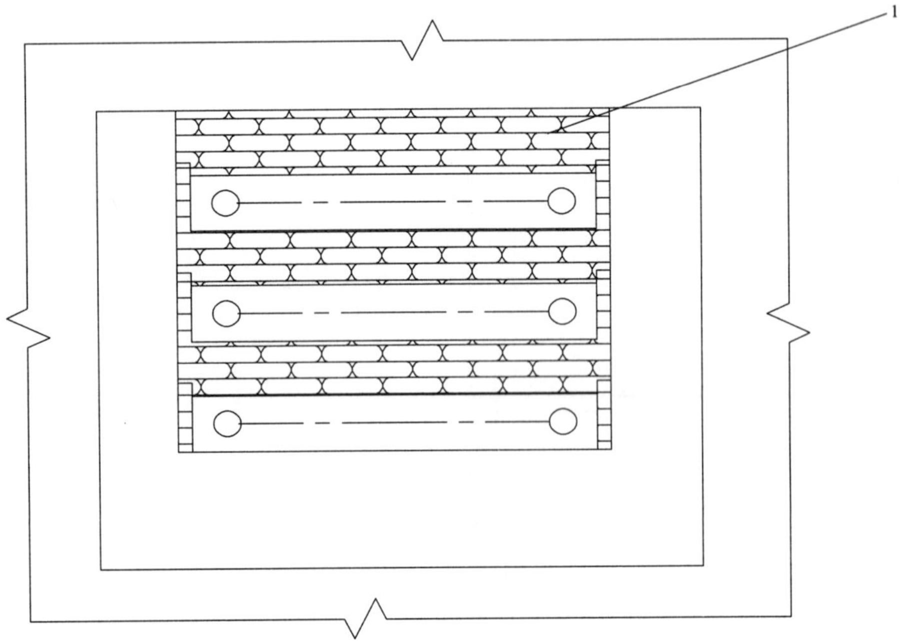

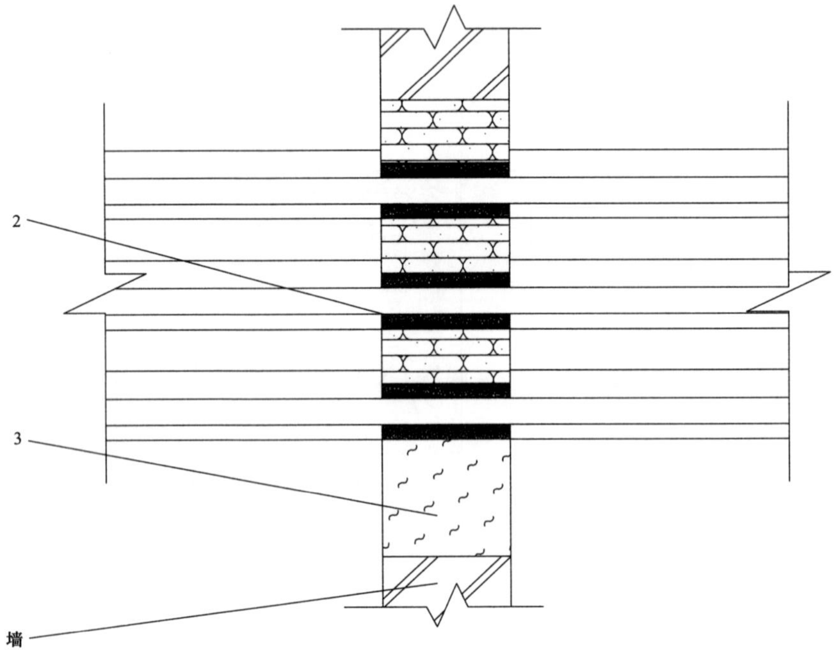

3	防火堵料	无机	kg	
2	防火堵料	有机	kg	
1	阻火包		m^3	
编号	名称	规格	单位	备注
设备材料表				

说明：适用于干燥且较大的穿墙孔洞。为了美观在孔洞较大部位无电缆处加装耐火隔板，耐火隔板采用角铝封边固定。

附图十四　电缆穿墙孔洞封堵示意图(二)

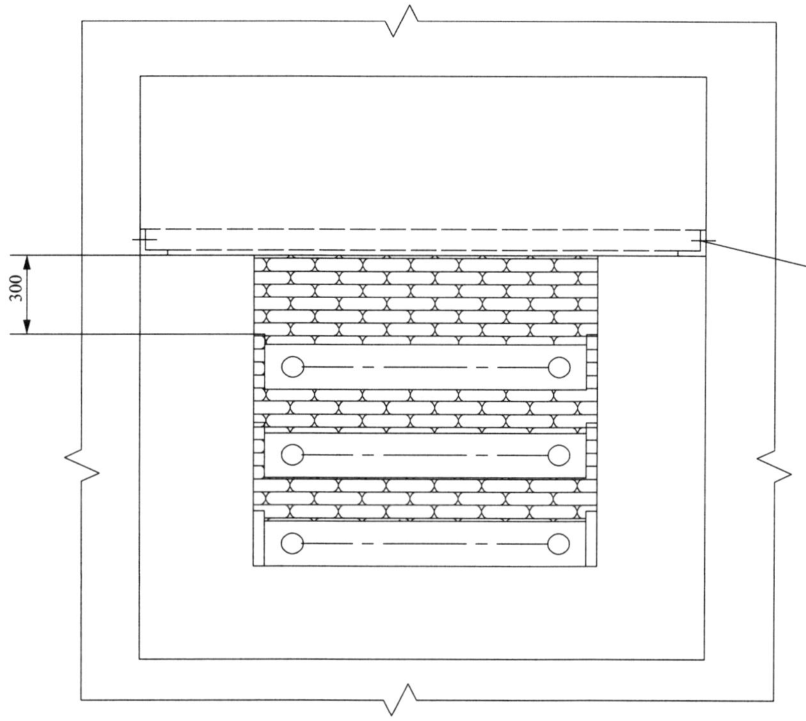

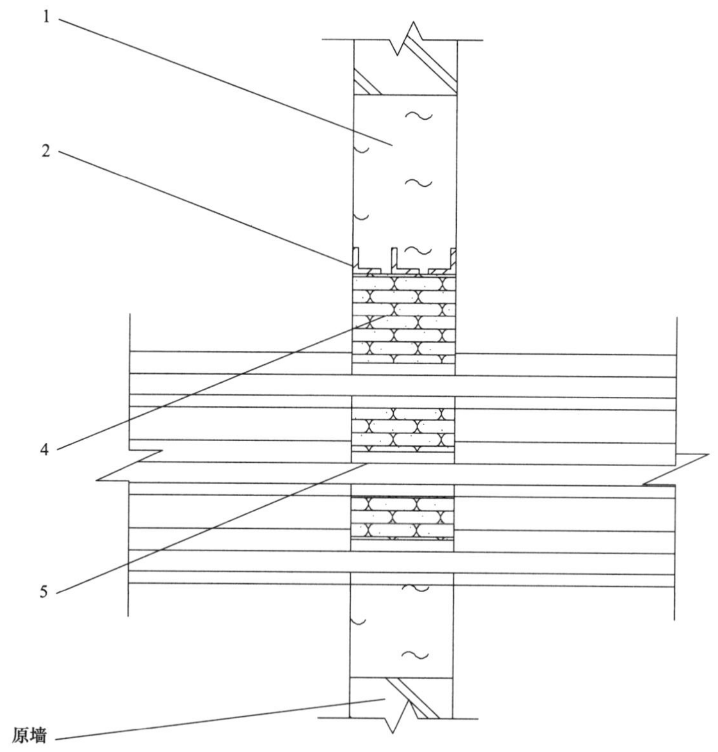

5	防火堵料	有机	kg	
4	阻火包		m^3	
3	金属膨胀螺栓	M10×85	套	配螺母、垫片
2	镀锌角钢	L50×5	kg	
1	防火堵料	无机	kg	
编号	名称	规格	单位	备注

设备材料表

说明：适用于潮湿且较大的穿墙孔洞。为了美观在孔洞较大部位无电缆处加装耐火隔板，耐火隔板采用角铝封边固定。

日期	会签者	会签专业	日期	会签者	会签专业	日期	会签者	会签专业	日期	会签者	会签专业

附图十五 电缆穿墙孔洞封堵示意图(三)

日期
会签者
会签专业
日期
会签者
会签专业
日期
会签者
会签专业
日期
会签者
会签专业

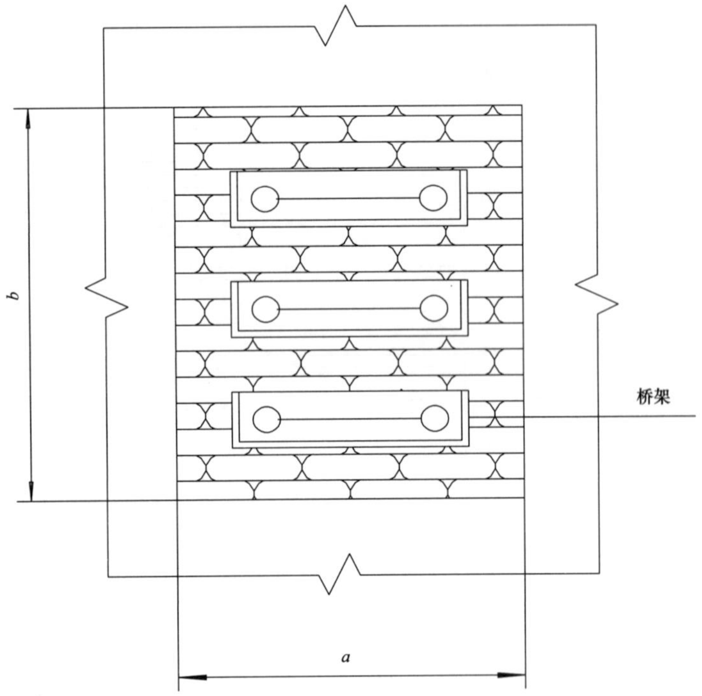

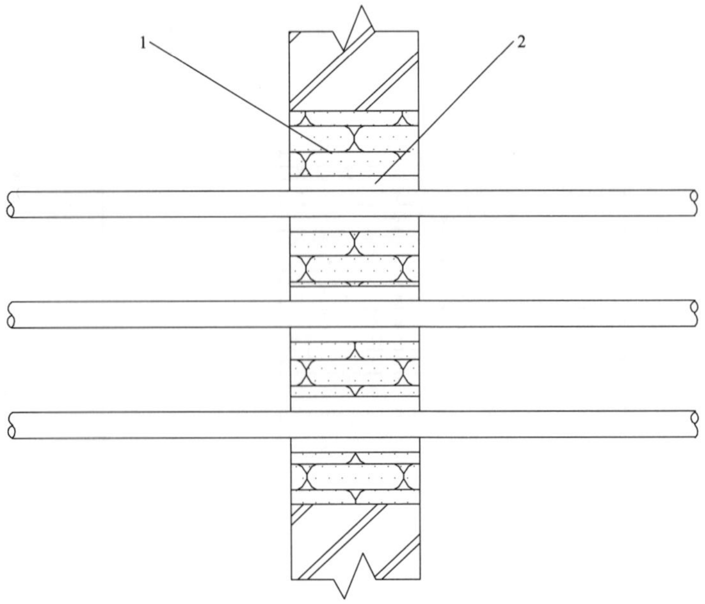

设备材料表

编号	名称	规格	单位	备注
2	防火堵料	有机	kg	
1	阻火包		m^3	

说明：为了美观在孔洞较大部位无电缆处加装耐火隔板，耐火隔板采用角铝封边固定。

附图十六　电缆桥架穿墙孔洞封堵示意图

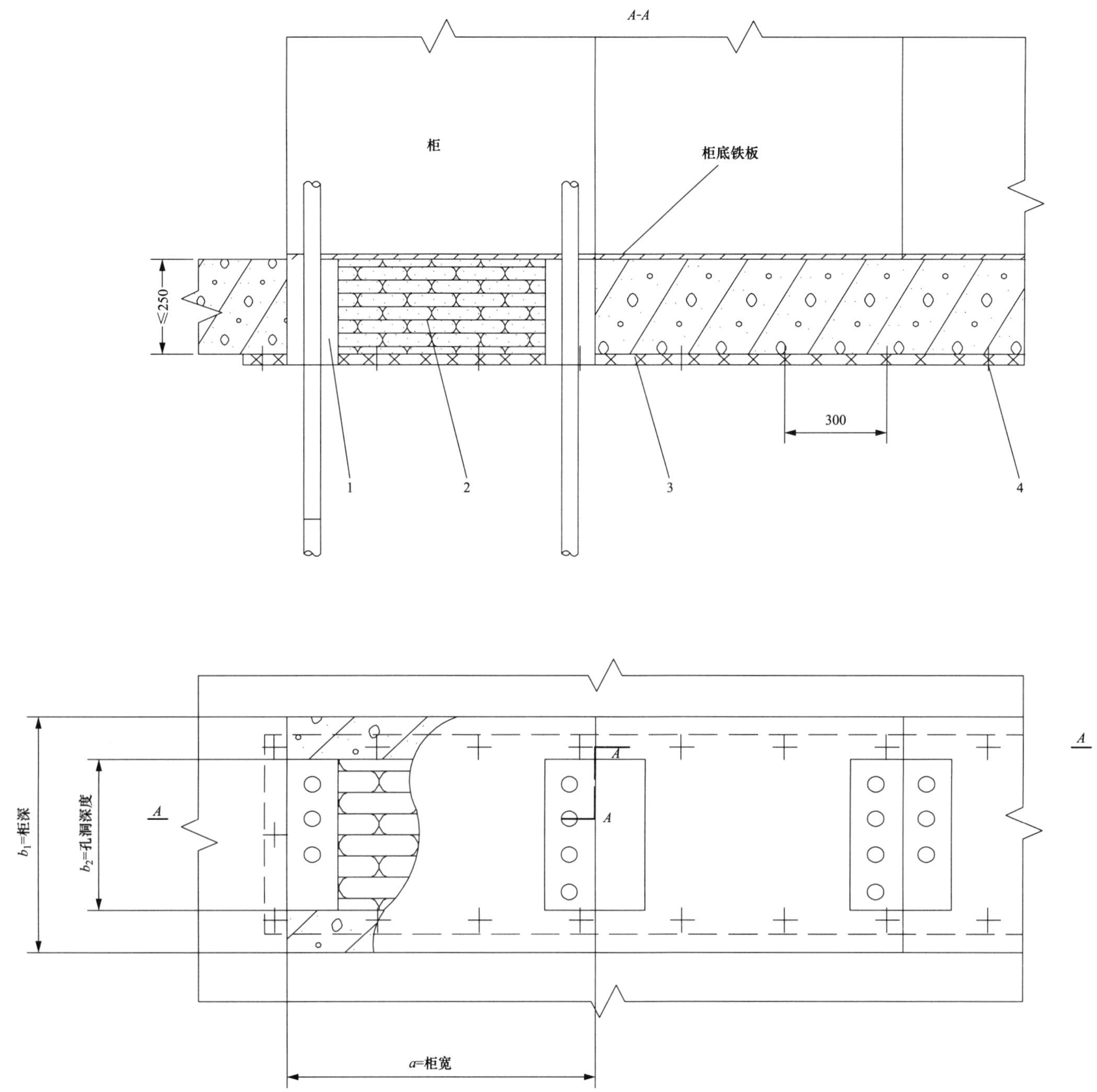

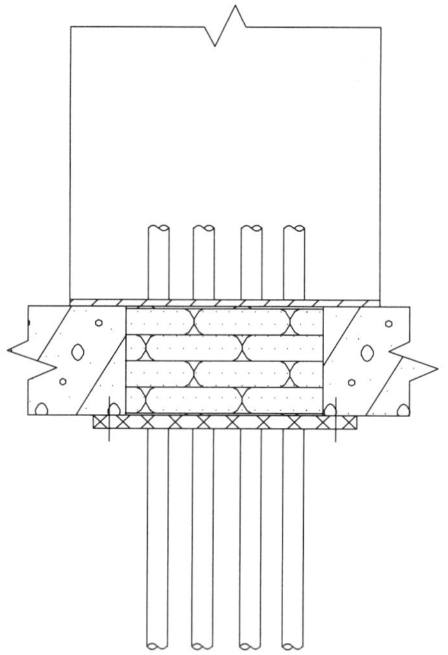

说明：1.适用于楼板厚度不大于250mm的部位。
2.在隔板上设置预留孔供电缆今后敷设用。

编号	名称	规格	单位	备注
4	金属膨胀螺栓	M10×85	套	配螺母、垫片
3	耐火隔板		m^2	角铝封边
2	阻火包		m^3	
1	防火堵料	有机	kg	

设备材料表

附图十七　盘柜孔洞封堵示意图(一)

会签专业		
会签者		
日期		
会签专业		
会签者		
日期		
会签专业		
会签者		
日期		
会签专业		
会签者		
日期		

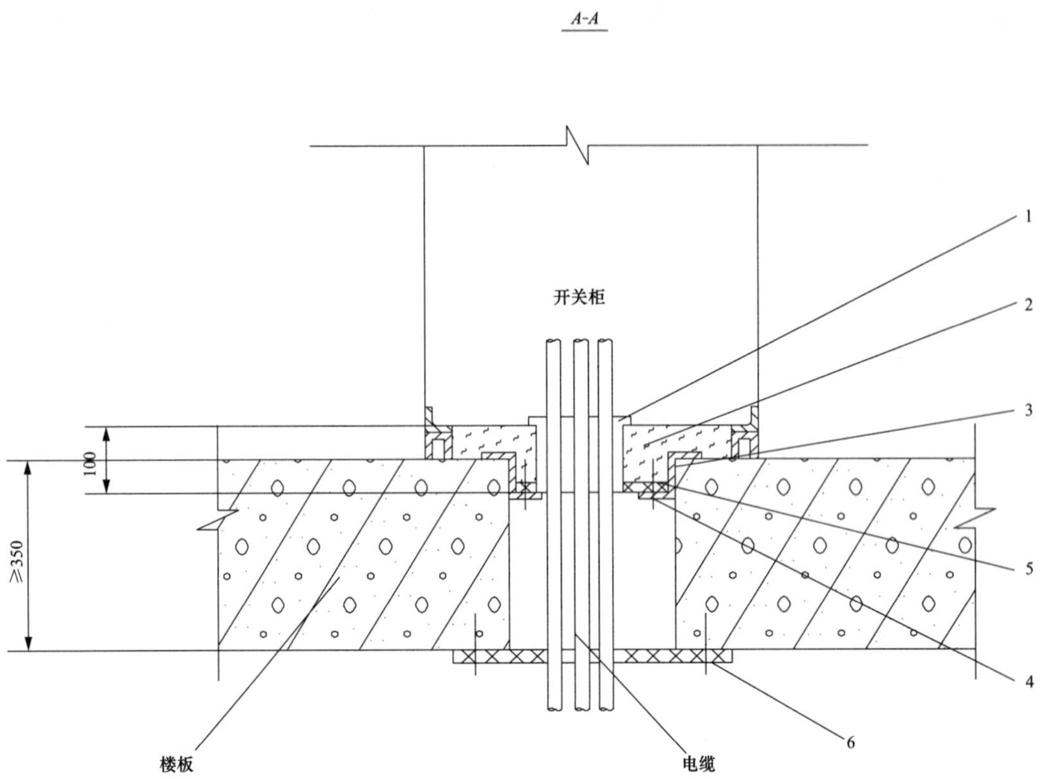

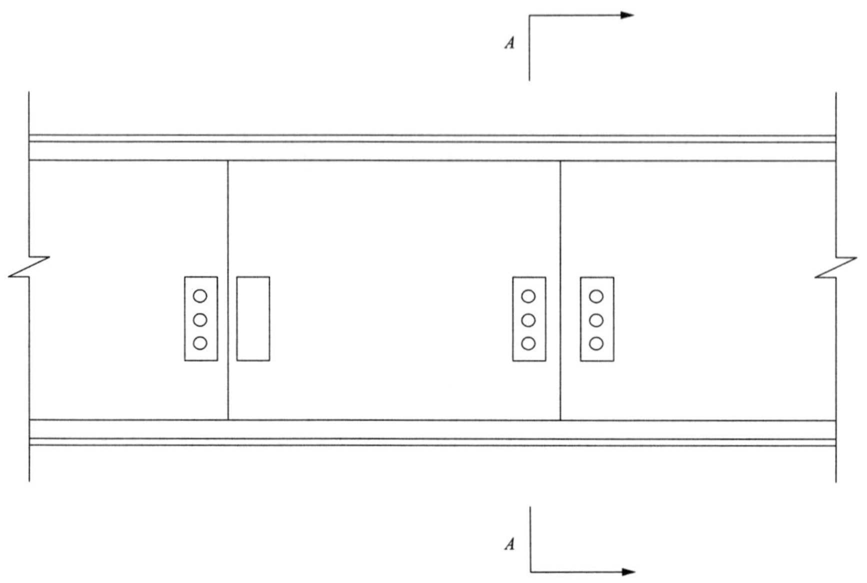

6	金属膨胀螺栓	M10×85	套	配螺母、垫片
5	耐火隔板		m^2	角铝封边
4	六角螺栓	M6×40	套	配螺母、垫片
3	镀锌扁钢	-50×6	kg	
2	防火堵料	无机	kg	
1	防火堵料	有机	kg	
编号	名称	规格	单位	备注

设备材料表

说明：适用于楼板厚度大于350mm，从上向下封堵方式。

附图十八 盘柜孔洞封堵示意图(二)

日期			
会签者			
会签专业			
日期			
会签者			
会签专业			
日期			
会签者			
会签专业			
日期			
会签者			
会签专业			

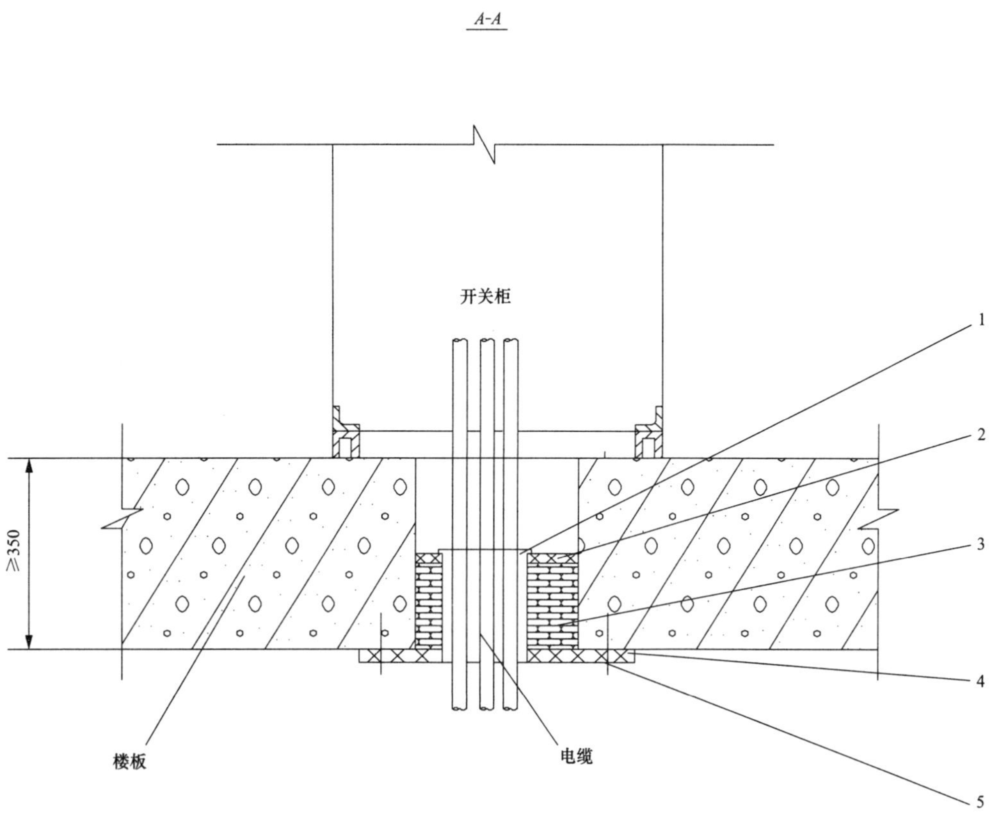

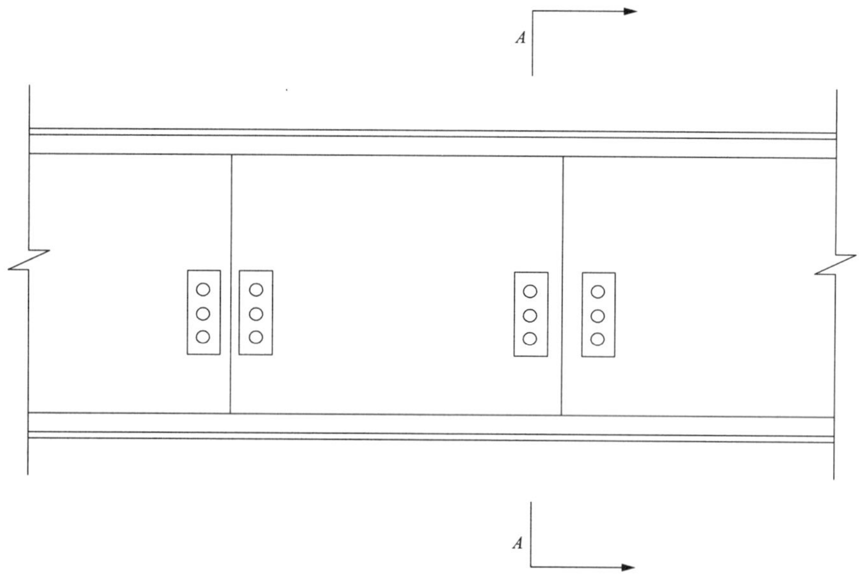

5	金属膨胀螺栓	M10×85	套	配螺母、垫片
4	耐火隔板		m^2	角铝封边
3	阻火包		m^3	
2	耐火隔板		m^2	
1	防火堵料	有机	kg	
编号	名称	规格	单位	备注
设备材料表				

说明：适用于楼板厚度大于350mm，从下向上倒封方式。

附图十九　盘柜孔洞封堵示意图(三)

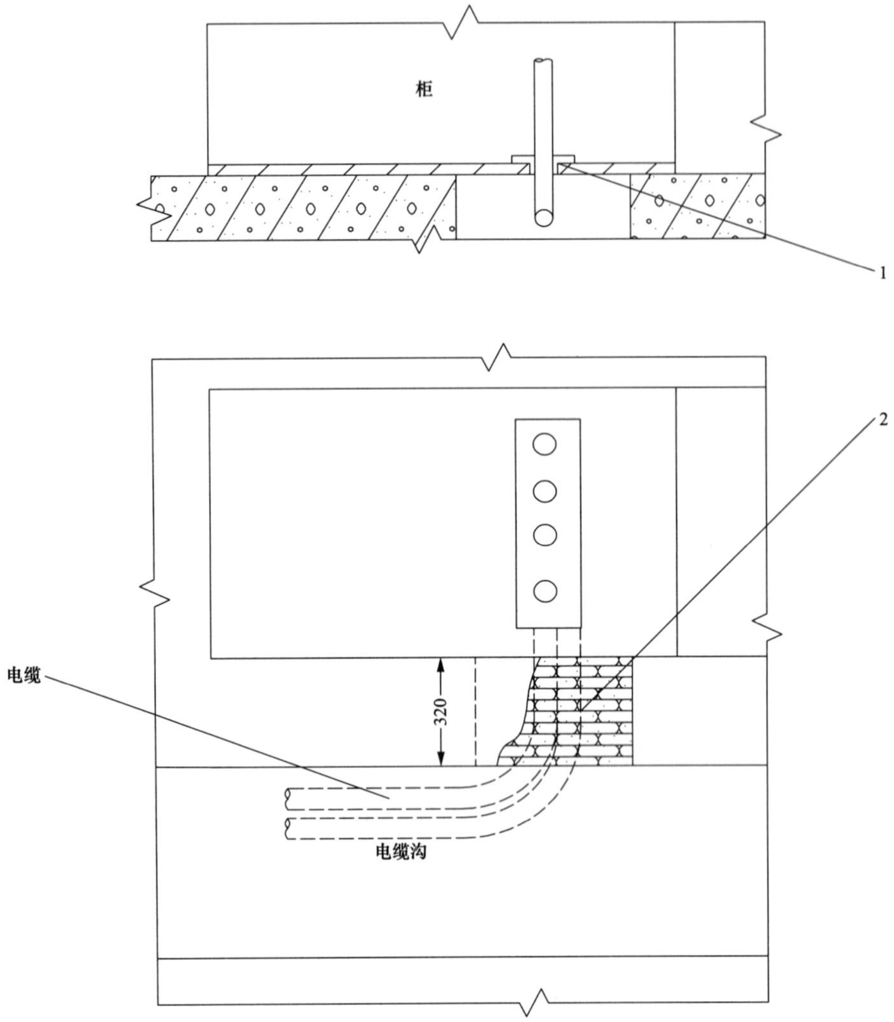

说明：适用于盘柜下方电缆沟小而浅、不便于柜底封堵的情况。

2	阻火包		m^3	
1	防火堵料	无机	kg	
编号	名称	规格	单位	备注
设备材料表				

附图二十　盘柜孔洞封堵示意图(四)

日期	
会签者	
会签专业	
日期	
会签者	
会签专业	
日期	
会签者	
会签专业	
日期	
会签者	
会签专业	

日期	会签者	会签专业	日期	会签者	会签专业	日期	会签者	会签专业	日期	会签者	会签专业

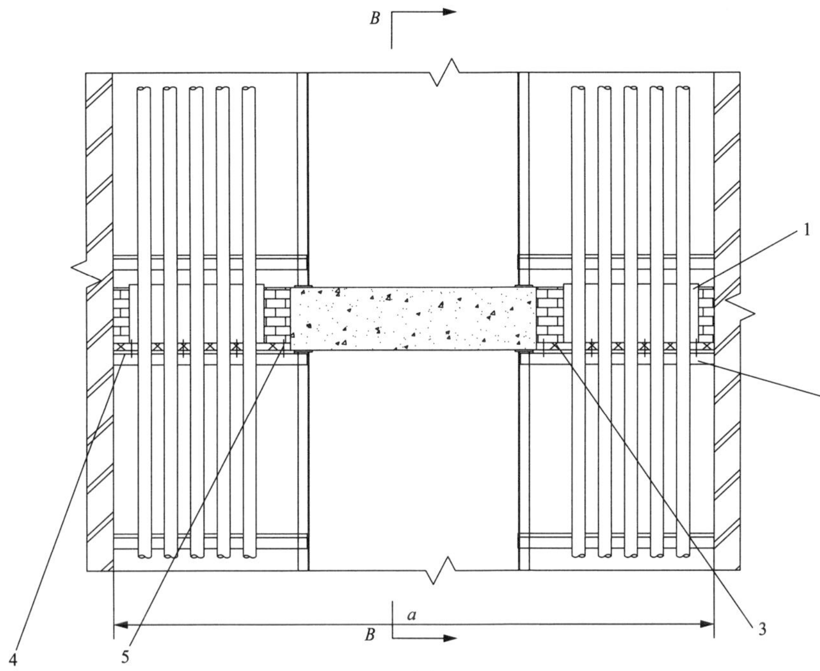

A-A

B-B
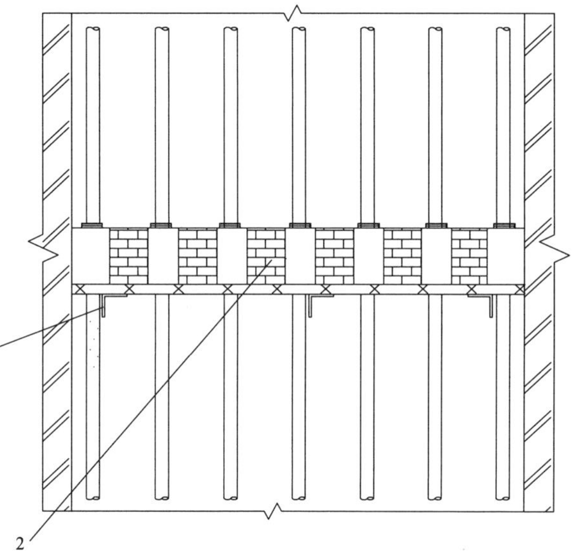

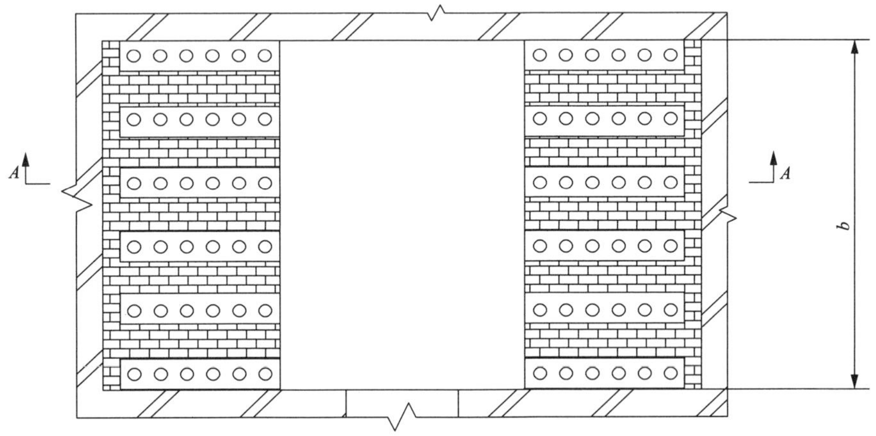

说明：镀锌角钢与已有槽钢立柱焊接固定。

编号	名称	规格	单位	备注
5	镀锌螺栓	M8×50	套	配螺母、垫片
4	镀锌角钢	L50×5	kg	
3	耐火隔板		m^2	
2	阻火包		m^3	
1	防火堵料	有机	kg	

设备材料表

附图二十一　大型电缆竖井防火封堵示意图

日期			
会签者			
会签专业			
日期			
会签者			
会签专业			
日期			
会签者			
会签专业			
日期			
会签者			
会签专业			

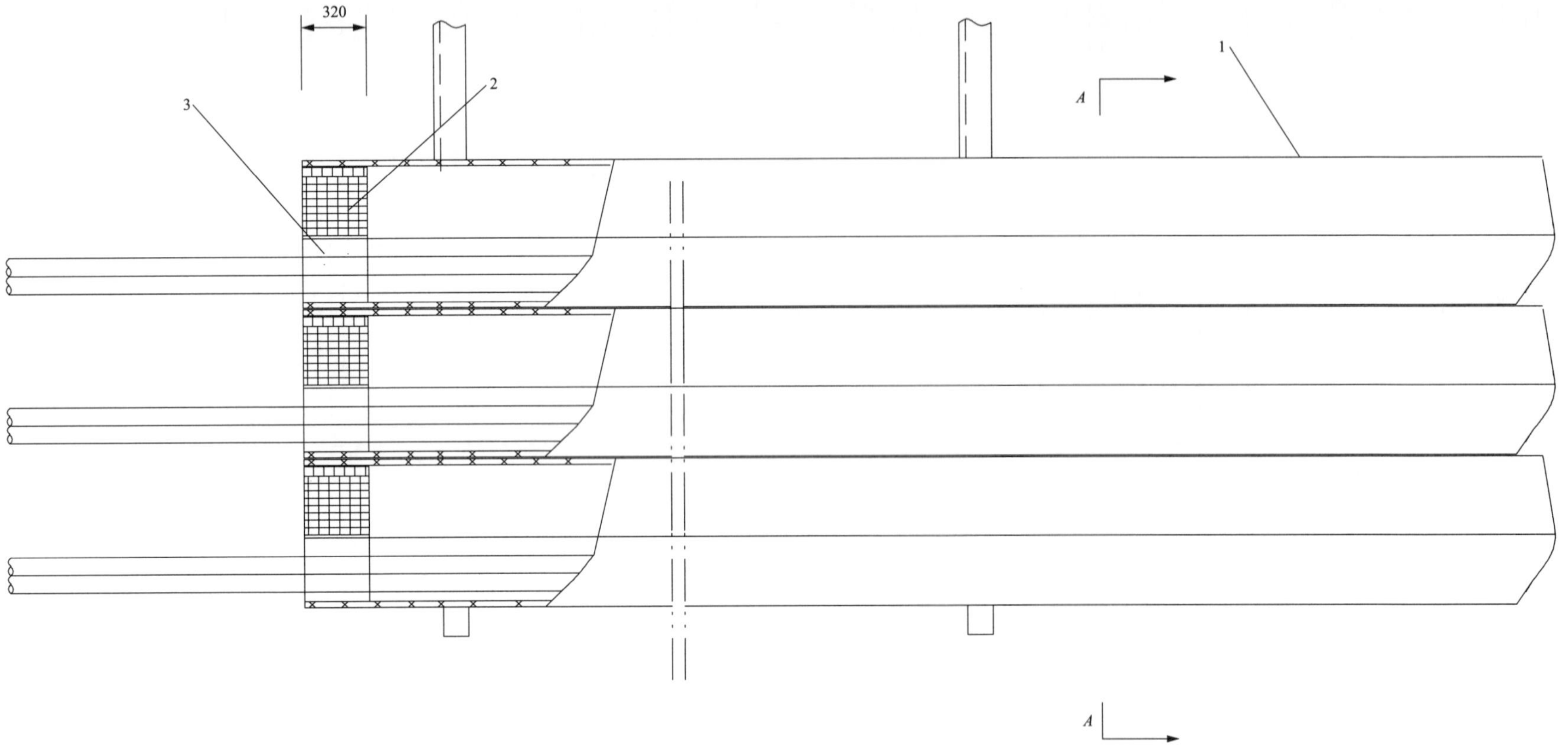

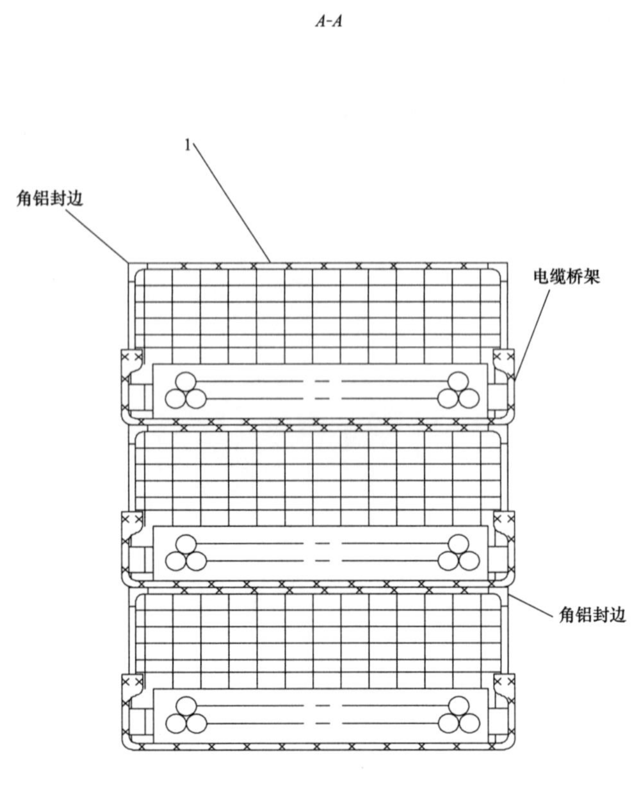

说明：适用电缆桥架上阻火段的封堵示意。

3	防火堵料	有机	kg	
2	阻火包		m^3	
1	耐火封板		m^2	
编号	名称	规格	单位	备注
设备材料表				

附图二十二　防火罩安装示意图

日期	会签者	会签专业	日期	会签者	会签专业	日期	会签者	会签专业

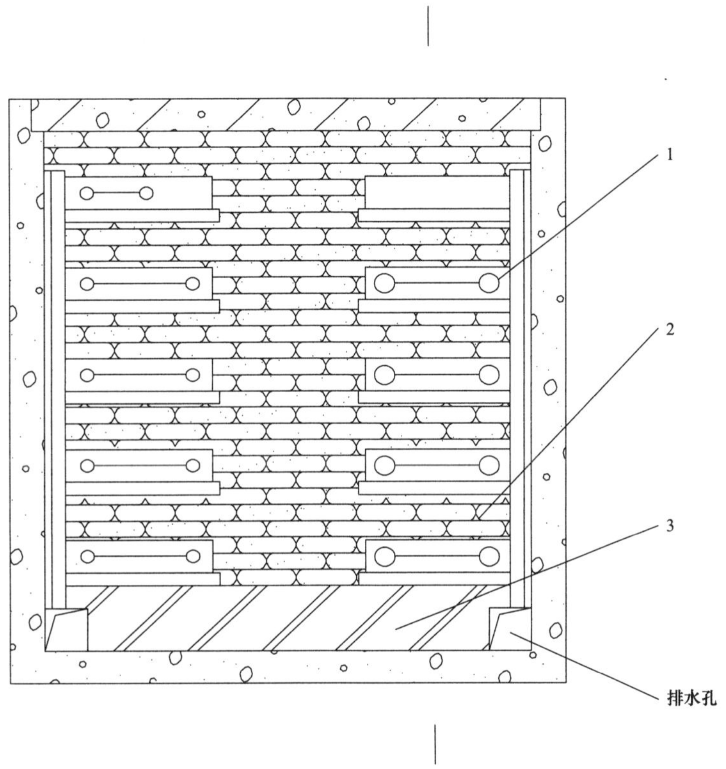

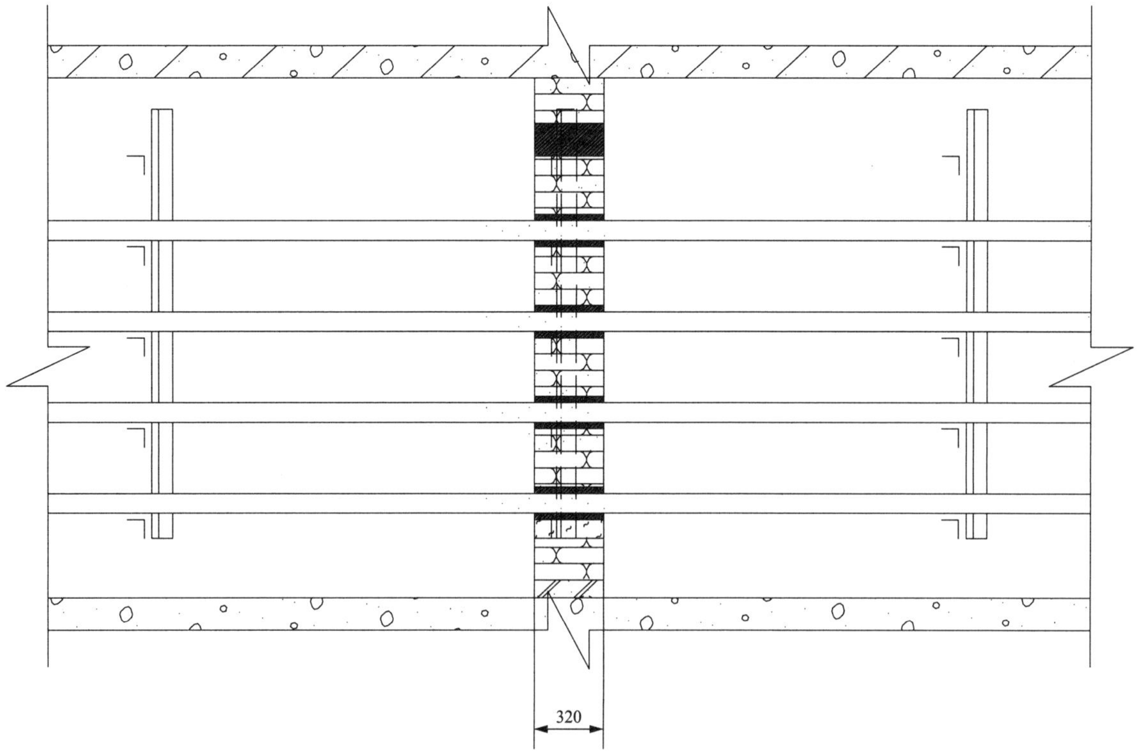

说明：适用于户内外电缆沟的封堵。

3	砖		块	
2	防火堵料	有机	kg	
1	阻火包		m^3	
编号	名称	规格	单位	备注
设备材料表				

附图二十三　电缆沟防火封堵示意图(一)

日期	会签者	会签专业

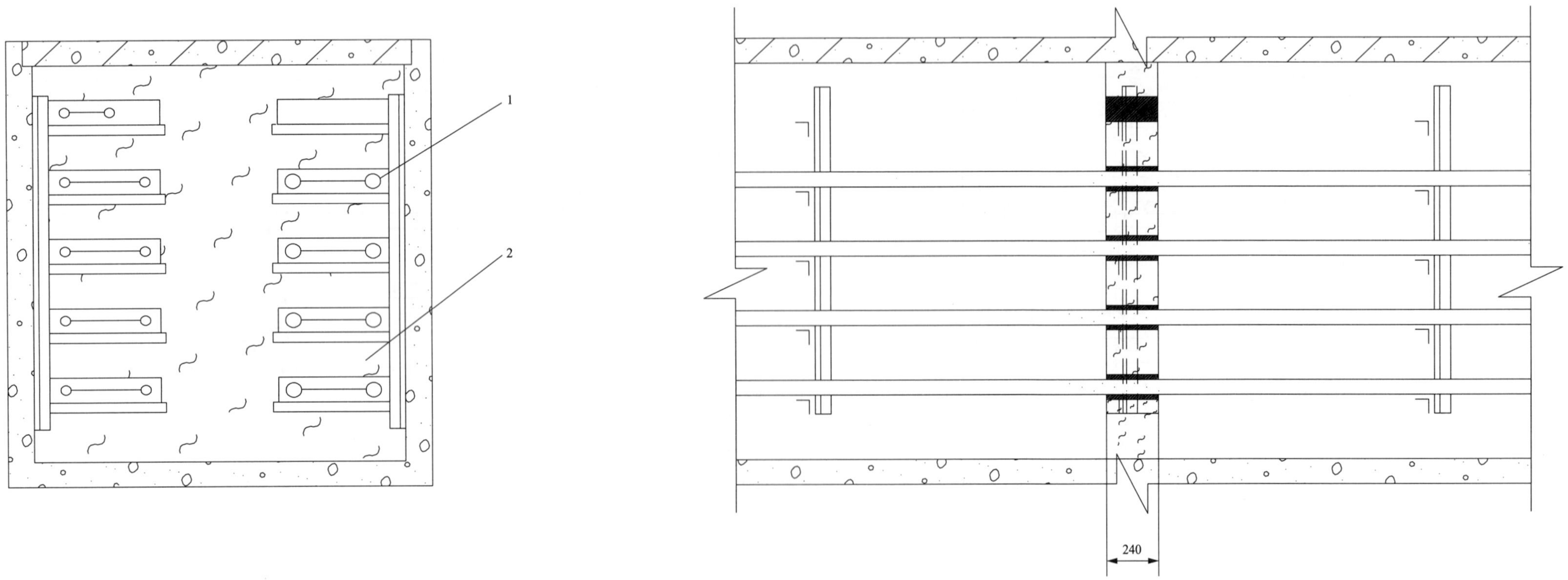

说明：适用于户外电缆沟进入房间的封堵。

2	防火堵料	无机	kg	
1	防火堵料	有机	kg	
编号	名称	规格	单位	备注
设备材料表				

附图二十四　电缆沟防火封堵示意图(二)

会签专业
会签者
日期

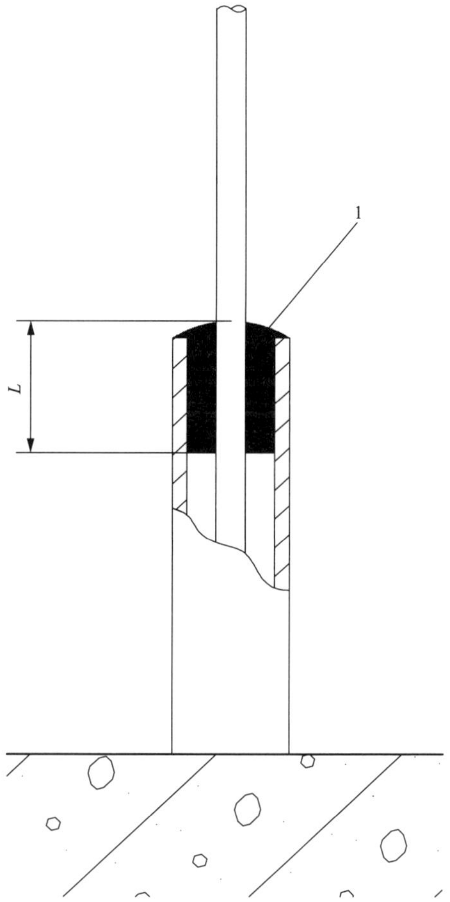

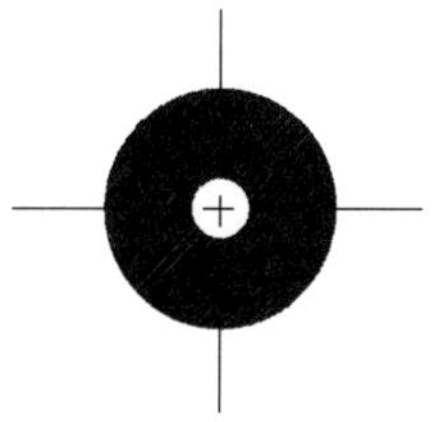

说明：小孔洞封堵L大于或等于30。
较大孔洞封堵L大于或等于50。

1	防火堵料	有机	kg	
编号	名称	规格	单位	备注

设备材料表

附图二十五　电缆穿管管口封堵示意图(一)

日期
会签者
会签专业
日期
会签者
会签专业
日期
会签者
会签专业
日期
会签者
会签专业

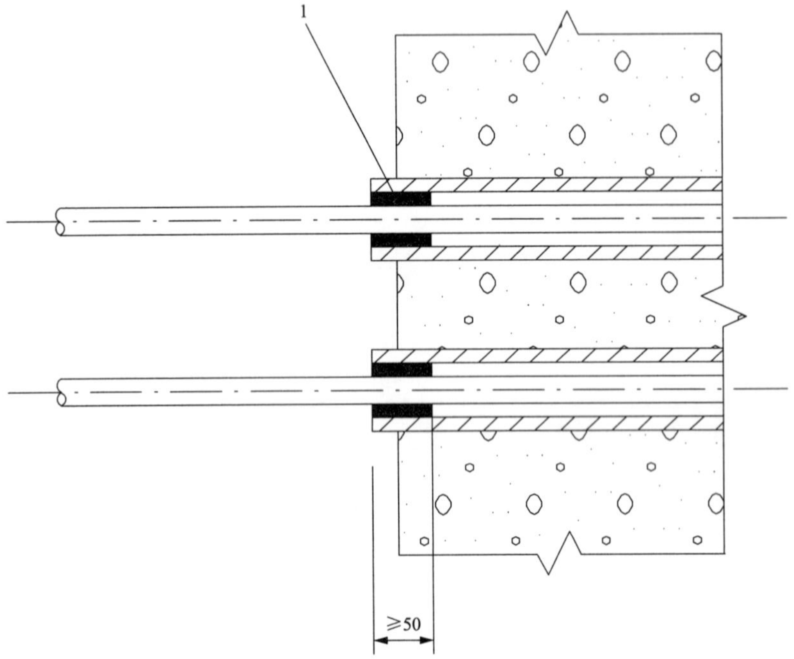

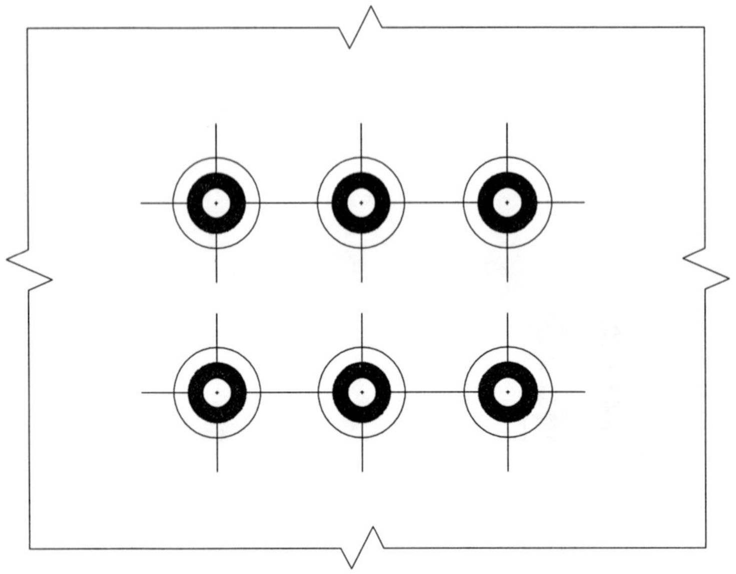

编号	名称	规格	单位	备注
1	防火堵料	有机	kg	

设备材料表

附图二十六　电缆穿管管口封堵示意图(二)

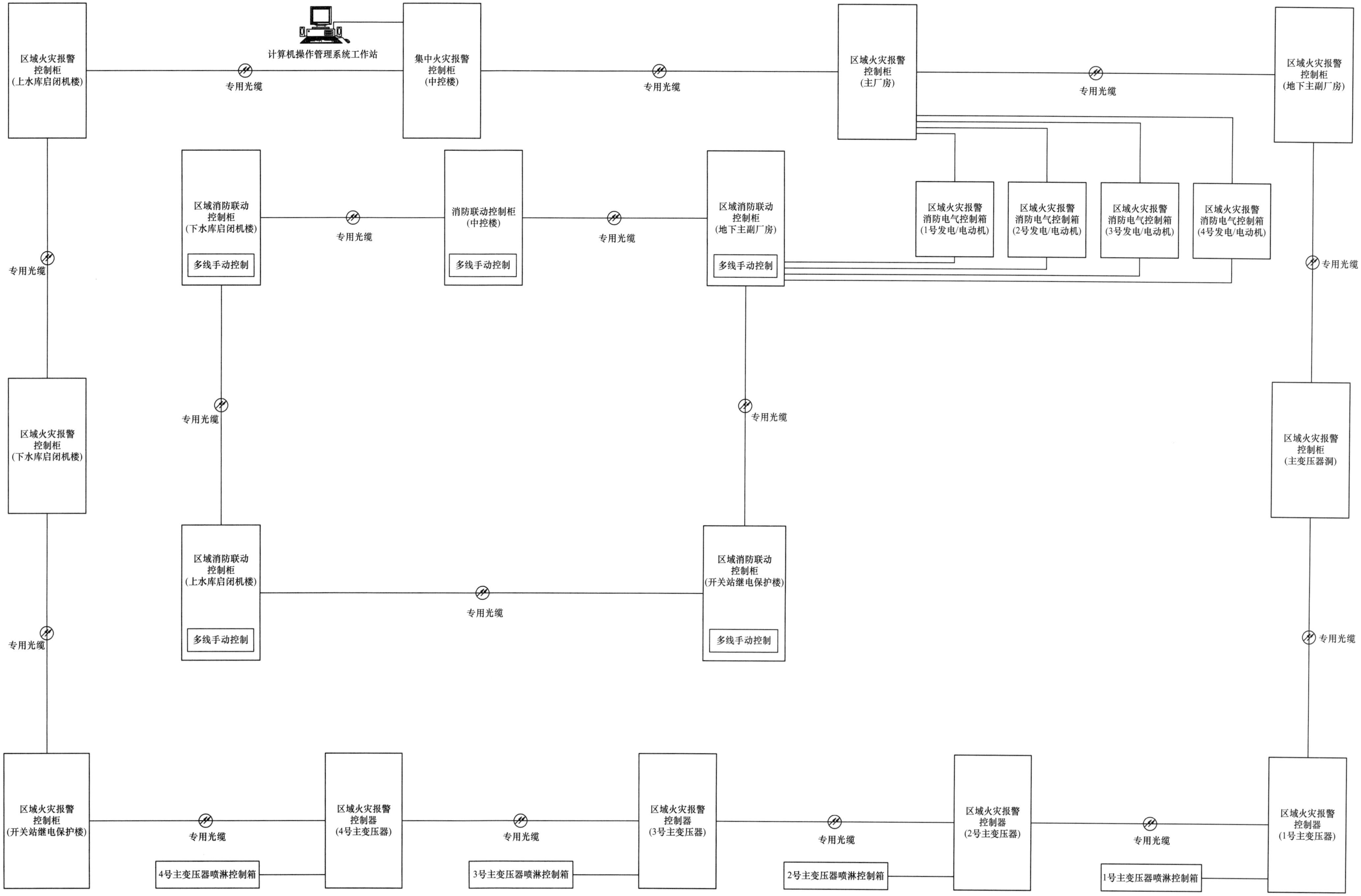

说明：1.发电/电动机所属的区域火灾报警消防电气控制箱由发电/电动机生产厂家配套提供。
2.区域报警控制器的数量根据项目实际情况调整。

附图二十七　火灾自动报警及消防控制系统网络图

0　20　40　60　80　100mm